DESCRIPTION

D'UNE MACHINE POUR DIVISER LES INSTRUMENTS DE MATHÉMATIQUES,

PAR M. RAMSDEN, de la Société Royale de Londres;

Publiée à Londres, en 1787, par ordre du Bureau des Longitudes;

TRADUITE DE L'ANGLOIS;

Augmentée de la description d'une machine à diviser les lignes droites, et de la notice de divers ouvrages de M. RAMSDEN,

Par M. DE LA LANDE, de l'Académie Royale des Sciences, de la Société Royale de Londres, etc.

Pour faire suite à la DESCRIPTION des moyens employés pour mesurer la base de HOUNSLOW-HEATH.

A PARIS,
Chez FIRMIN DIDOT, Libraire pour les Mathématiques, l'Art Militaire et l'Architecture, rue Dauphine, N°. 116.

M. DCC. XC.

PRÉFACE
DU TRADUCTEUR.

Personne n'a jamais acquis autant de célébrité pour les instruments d'astronomie que M. Ramsden ; son génie pour l'invention des moyens, son talent pour la perfection de l'exécution ont surpassé tout ce qu'on avoit connu jusqu'à présent. Mais un de ses plus précieux ouvrages est sa machine à diviser : la description, quoique imprimée, n'existe plus, ayant été consumée par un incendie. M. Shepherd, l'un des commissaires du bureau des longitudes, a bien voulu me confier son exemplaire, et je me suis fait un devoir d'en publier la traduction.

Cette machine, dont M. Ramsden s'est occupé pendant dix ans, a été regardée comme un trésor pour la marine angloise, et tous les artistes qui font des sextants pour l'observation des longitudes les envoient diviser chez M. Ramsden. Puisse cet exemple déterminer quelques artistes françois à entreprendre une pareille machine comme l'ont déja fait quelques artistes anglois que M. Ramsden a pris la peine de diriger !

J'aurai rendu service à ma patrie si je puis contribuer à cette révolution dans nos arts, en faisant connoître à nos artistes cet objet de leur émulation.

M. Ramsden a aussi publié, en 1779, la description de sa machine à diviser les lignes droites. M. Blachier, de l'ordre de Malte, membre de la société royale de Nancy, en avoit fait la traduction pour son usage : il a bien voulu me la communiquer, et je l'ai mise à la suite de la premiere.

Le gouvernement a déja fait une chose importante en établissant à Paris un corps de vingt-quatre artistes brévetés, choisis par l'académie, indépendants des communautés, et qui se prennent parmi les plus distingués par leurs talents et leur zele pour la perfection des arts relatifs à la physique et aux mathématiques.

M. Megnié avoit déja fait à Paris une grande machine à diviser. Depuis son départ pour l'Espagne, M. le Noir en a fait une plus grande encore. M. Richer a fait une machine pour diviser les lignes droites avec une extrême précision. Tout cela nous donne de justes espérances pour le progrès des arts parmi nous.

Mon voyage en Angleterre, en 1788, m'a mis à portée de voir et d'admirer les ouvrages de M. Ramsden dans le fameux observatoire de mylord Marlboroug, le plus illustre amateur de l'astronomie, qui observe lui-même journellement avec un courage dont jamais une personne de son rang n'avoit donné l'exemple. Parmi les ouvrages de M. Ramsden, un des plus importants est sa machine à diviser dont on va lire la description, et le cercle entier qu'il vient d'exécuter pour M. Piazzi, habile astronome de Palerme, dont on trouvera la description dans la troisieme édition de mon ASTRONOMIE, qui paroîtra en 1791. Mais M. Ramsden a fait un grand nombre d'autres ouvrages qui méritoient d'être connus en France; et pour cela j'ai cru devoir placer ici une lettre de M. Piazzi, qui avoit paru à la vérité dans le Journal des Savants de novembre 1788, mais qui a été augmentée par l'auteur pour cette nouvelle édition, et qui est très propre à faire connoître le mérite de M. Ramsden et l'utilité de l'ouvrage dont nous publions la traduction.

Lettre sur les instruments de M. Ramsden, de la société royale de Londres, adressée à M. de la Lande par le R. P. Piazzi, Théatin, professeur royal d'astronomie dans l'université de Palerme. (Journal des Savants novembre 1788) (1).

MONSIEUR,

Lorsque j'ai eu le plaisir de vous voir à Londres le mois passé, je vous ai vu admirer comme moi le génie et les ouvrages du célebre Ramsden ; cela me donne occasion de vous adresser ce que j'ai pu recueillir de sa vie et de ses travaux. Personne n'a plus contribué que vous au bien de l'astronomie par votre zele et par vos ouvrages relativement aux principes et aux méthodes. M. Ramsden est certainement le premier pour l'invention et la construction des instruments : mais comme il n'est peut-être pas aussi connu en France qu'il mérite de l'être, ma lettre pourra contribuer à en donner une juste idée à vos compatriotes.

Jessé RAMSDEN naquit à Halifax, dans la province d'Yorck, le 6 octobre 1730. Ses premieres études lui avoient donné un desir extrême de se consacrer à la littérature, sur-tout à l'histoire et aux antiquités; les mathématiques et la chymie l'occuperent à leur tour : mais son pere étoit pressé de lui faire embrasser un genre d'occupation qui pût lui être utile, et comme il étoit fabriquant de draps, le jeune Ramsden, jusqu'à l'âge de 20 ans, s'en occupa également. Alors il passa à Londres pour y chercher une occupation plus digne d'un homme d'esprit. Il en essaya plusieurs; il s'appliqua entre autres à la gravure sous la direction de Burton. Une heureuse circonstance le ramena pour lors vers l'objet auquel la nature sembloit l'avoir destiné, pour en faire le restaurateur et le pere de l'astronomie instrumentale. On lui apportoit souvent des noms à graver sur des instruments de mathématiques; plus il les examinoit, plus il y voyoit de défauts, et un instinct secret lui faisoit éprouver le desir d'en procurer de meilleurs. Il résolut enfin de s'en occuper : il eut bientôt acquis l'usage de limer, de tourner et même de travailler les verres. Il fit,

(1) Cette lettre a été traduite dans le journal intitulé *European Magazine* ; mais on n'y a pas mis le nom de l'auteur : le rédacteur étoit peut-être jaloux de devoir à un étranger l'éloge d'un de ses plus illustre compatriotes.

dès 1763, des instruments pour Sisson, Dollond, Nairne, Adams, et pour d'autres maîtres les plus connus à Londres. Il leva ensuite un attelier pour son compte dans Hay-Market, vers 1768; (depuis 1775 il habite dans Picadilly). Il forma pour lors le projet de passer en revue tous les instruments d'astronomie, pour corriger ceux qui, étant fondés sur de bons principes, ne péchoient que dans la construction, et pour proscrire ceux qui manquoient des deux côtés.

Le quartier de réflexion ou le sextant de Hadley dont on fait un si grand usage dans la marine lui parut le plus utile; mais il étoit alors très imparfait: il n'y avoit point assez de solidité dans les parties essentielles; le centre étoit sujet à un trop grand frottement, et communément on pouvoit remuer l'alidade de plusieurs minutes sans que le miroir changeât de position; les divisions étoient en général très grossieres; et M. Ramsden trouve que l'abbé de la Caille avoit raison quand il évaluoit à cinq minutes l'erreur que l'on pouvoit commettre sur les distances observées entre la lune et les étoiles; ce qui pouvoit produire sur la longitude une erreur de cinquante lieues marines: il changea donc le principe de la construction pour le centre, et il mit généralement ces instruments dans le cas de ne donner jamais plus d'une demi-minute d'incertitude; aujourd'hui il répond même de six secondes sur un sextant de quinze pouces. Depuis le temps où il les a perfectionnés, il en a déja construit 983; et plusieurs ayant été transportés aux Indes orientales ou en Amérique, l'erreur de l'index s'est trouvée au retour telle qu'elle avoit été déterminée avant le départ. Il en a fait depuis quinze pouces jusqu'à un pouce et demi, et dans ceux-ci on distingue fort bien les minutes; mais il préfere en général ceux de dix pouces comme étant plus faciles à manier que ceux qui seroient plus grands, et pouvant être susceptibles de la même exactitude.

L'invention d'une plate-forme ou machine à diviser lui étoit devenue nécessaire, et il s'en est occupé avec un grand succès: les plates-formes dont on se servoit étoient très peu exactes. Graham et Bird se servoient du compas à verge; celui-ci faisoit un mystere de sa méthode. Avant que le bureau des longitudes l'eût achetée pour la publier, M. Ramsden s'étoit fait déja une méthode comme Bird, et il l'avoit surpassé pour l'exactitude: il se sert encore du compas à verge pour les grands ouvrages; mais pour le grand nombre des instruments ordinaires il faut absolument épargner le temps, et il s'est occupé pendant dix ans à perfectionner sa machine à diviser, qui réunit la promptitude et la facilité. Il en avoit conçu l'idée dès 1760 : ses amis et en particulier Dollond le pere lui conseilloient de ne pas l'exécuter, et lui disoient que cette entreprise étoit au-dessus de ses forces, que cela nuiroit à sa fortune et à sa réputation naissante. Mais les difficultés ne firent qu'augmenter son desir ; il l'entreprit bientôt, et il en vint à bout dans l'espace d'environ trois ans. Mais cette premiere machine ne répondoit pas encore à ses vues ; il ne l'a même regardée ensuite que comme un modele propre à rectifier ses idées et à le conduire dans l'exécution d'une autre qui eût toute la perfection possible. Celle-ci fut terminée vers 1773. Dans cet intervalle de dix ans Ramsden se servoit de sa premiere machine, et quoiqu'elle n'eût pas l'exactitude à laquelle il aspiroit, elle servit cependant à diviser beaucoup d'instruments avec une exactitude bien supérieure à celle qu'on avoit eue jusqu'alors : c'est celle que M. le président de Saron, votre illustre amateur de l'astronomie, acheta cent louis. Dans le temps que Ramsden travailloit à la nouvelle machine, M. Dollond le fils entreprit d'en faire une pareille, et s'en occupa pendant trois ans : mais quoiqu'il eût bien vu et examiné le modele et qu'il se fût procuré quelques uns des meilleurs ouvriers de M. Ramsden, il fut obligé d'y renoncer : ce ne fut que quand la description fut publiée par le bureau des longitudes, et avec le secours que M. Ramsden donna à divers ouvriers, qu'on est parvenu à en faire quelques unes. Vous avez vu, Monsieur, cette machine admirable avec laquelle on peut diviser un sextant en vingt minutes de temps, et qui suffit pour donner une idée de l'invention et des talents supérieurs de M. Ramsden. Ce fut votre ami M. le docteur Shepherd qui fit connoître au bureau des longitudes cette belle machine. On accorda à l'auteur une gratification de quinze mille francs, et l'on fit graver la machine en 1777. Mais l'édition a été brûlée par accident ; et vous avez raison de vouloir la faire réimprimer et graver à Paris. La machine est toujours entre les mains de M. Ramsden, et il s'est engagé à diviser tous les sextants pour trois schellings, qui reviennent à 3 livres 14 sous. Le bureau a donné souvent des récompenses plus considérables pour des objets qui avoient moins d'utilité et de mérite : mais les plus grands hommes ne sont pas ceux qui obtiennent les plus grandes récompenses. Newton fut à la vérité directeur général des monnoies (*Master of the Mint*) ; mais on prétend que ce ne fut pas son seul mérite qui détermina le comte d'Hallifax à lui donner cette place en 1699. M. Ramsden a fait aussi un instrument pour diviser les lignes droites dont la description a été imprimée ; et je suis fâché que vous n'ayez plus à Paris celle que M. Megnié y avoit imaginée, pour en faire la comparaison. Comment la France a-t-elle laissé échapper ce jeune artiste qu'on annonçoit comme pouvant un jour vous procurer les meilleurs instruments !

Dans le temps que M. Ramsden s'occupoit de sa machine à diviser il perfectionnoit en même temps les autres instruments. Le théodolite n'étoit auparavant qu'une lunette tournant sur un cercle divisé de trois en trois minutes par le moyen d'un vernier : mais entre les mains de M. R. il est devenu un instrument nouveau et parfait, qui sert pour mesurer les hauteurs comme pour lever les plans. Mais pourquoi vous parler de ces petits instruments, tandis que vous avez vu chez lui le plus grand et le plus admirable de tous les théodolites, qui a servi à M. le major général Roy pour mesurer les triangles qui réunissent aujourd'hui l'Angleterre avec la France, et dans lequel on ne se trompe pas d'une seconde, quoiqu'il n'ait que dix-huit pouces de rayon? Il y a deux lunettes qui tournent chacune sur un axe horizontal, et avec lesquelles par conséquent on mesure les angles réduits à l'horizon entre des objets plus ou moins élevés. M. Roy a achevé de mesurer ces jours-ci l'angle entre l'étoile polaire et les côtés de ses triangles, afin d'avoir la convergence des méridiens telle qu'elle est sur notre sphéroïde applati. Ces opérations ont déja fait connoître que la différence des méridiens entre les deux observatoires de Paris et de Greenwich est de 9′ 19″.

Le barometre destiné à mesurer les hauteurs des montagnes a été singulièrement perfectionné par M. Ramsden. Sa maniere de marquer en bas la ligne de niveau, et de regarder en haut comme au transparent le contact de l'index avec la derniere sommité du mercure, fait que l'on peut distinguer un centieme de ligne, et mesurer les hauteurs à un pied près. Il a fait voir à M. de Luc que c'étoit le sommet de la colonne et non pas la partie qui touche le verre que l'on devoit observer, et il a fait graver une table qui accompagne ses barometres et qui donne sans calcul la hauteur des lieux par le moyen de la hauteur du barometre, même pour les différents degrés de chaleur. Il vient encore de simplifier de la maniere la plus ingénieuse l'appareil pour transporter et soutenir ce barometre portatif (1).

(1) M. Mégnié a imaginé à Paris un moyen ingénieux d'avoir toujours un point fixe pour la ligne de niveau ; c'est de faire sortir à chaque fois la cuvette remplie de mercure de dedans un bain ou un réservoir de mercure où la cuvette se remplit exactement et toujours de la même maniere.

Diverses machines de physique sont aussi sorties des atteliers de M. R. toujours avec quelques nouvelles perfections. Par exemple, une machine électrique; un manometre pour mesurer la densité de l'air; un instrument pour mesurer une distance inaccessible, et qui d spense de la mesure d'une base; des niveaux d'une sensibilité extrême; le rectangle optique; les oculaires prismatiques où l'on perd beaucoup moins de rayons que dans la réflexion d'un miroir incliné lorsqu'on veut regarder de côté; le dynametre avec lequel il mesure le grossissement d'une lunette. La premiere invention a été de beaucoup perfectionnée (on en trouvera la description à la fin de ce volume). L'instrument pour mesurer les distances, et le niveau à la main, que Ramsden avoit imaginés, furent exécutés pour la premiere fois pour un officier de l'empereur (on en trouvera ci-après une petite description). Tous ces objets, qui feroient la réputation des artistes ordinaires, pour lesquels on demanderoit à l'académie des commissaires et des rapports, sont si peu de chose pour M. R. qu'à peine il s'en souvient. Il a fait une balance qui, portant deux livres de chaque côté, trébuche à un cinq millionieme du total, et qui peut très bien porter dix livres dans chaque bassin : la perfection de cette balance consiste à avoir des couteaux d'acier posés sur du crystal oriental, un axe de quatre pouces, un fléau formé de deux cônes inflexibles, et les points de suspension des bassins placés bien exactement sur la ligne des couteaux: ce précieux instrument est dans le cabinet de la société royale de Londres.

Le pyrometre, destiné à mesurer la dilatation des corps par la chaleur, vient d'exercer heureusement les talents de M. Ramsden, comme vous l'avez vu dans les Transactions Philosophiques de 1785, et dans la description imprimée à Paris à l'occasion de la base mesurée pour les triangles de M. le général Roy. Ramsden avoit senti, en voyant les pyrometres dont on se servoit en physique, le vice fondamental de cet instrument, dans lequel les corps mis en expérience n'étoient pas assez séparés. Mais, dans son pyrometre microscopique, il a trouvé le moyen de comparer l'état naturel d'un corps avec le même corps mis à un degré quelconque de chaleur ou de froid; et, par le moyen d'un micrometre adapté au microscope, il a mesuré ces variations avec une précision inconnue jusqu'alors, et qui a fourni la mesure d'une base avec une précision dix fois plus grande que dans aucune de celles qui ont été mesurées jusqu'ici. M. Ramsden a fait voir, dans cette occasion comme dans toutes les autres, le talent inné de connoître les défauts essentiels d'un instrument, et de savoir les corriger par les moyens les plus simples et les plus exacts en même temps.

L'optique ne lui a pas moins d'obligation. Dans les lunettes que vous avez nommées acrhomatiques, il est parvenu à corriger l'aberration de sphéricité et de réfrangibilité, pour les oculaires composés, et il l'a fait d'une maniere nouvelle et qui réussit parfaitement. Les opticiens avoient cru y parvenir en faisant tomber l'image de l'objectif entre les deux oculaires; ce qui produisoit le grand inconvénient de ne pouvoir toucher à l'oculaire sans déranger la ligne de collimation et la valeur des parties du mi rometre. Pour y remédier M. R. partit d'une expérience bien simple, savoir que les bords d'une image observée au travers d'un prisme sont d'autant moins colorés que l'image est plus voisine du prisme: d'après cette vérité il chercha le moyen de placer les deux oculaires entre l'image de l'objectif et l'œil, sans cesser de corriger les deux aberrations; ce qu'il a fait en changeant les rayons de courbures et en plaçant les verres d'une maniere tout-à-fait différente de l'usage ordinaire. Il met le premier oculaire ou la premiere lentille près de l'image formée par l'objectif, et la seconde au foyer respectif de la premiere, c'est-à-dire dans le point de l'axe où se doit former la seconde image de l'objet par le moyen du premier oculaire; et ces positions sont telles que le foyer combiné des deux lentilles tombe sur le foyer de l'objectif, en sorte que les rayons doivent sortir paralleles comme il est nécessaire pour la vision distincte. Avec ces oculaires on corrige mieux les effets des deux aberrations de sphéricité et de réfrangibilité, puisqu'en faisant que les pinceaux de lumiere qui tombent sur la premiere lentille soient très petits, ce qui arrive nécessairement quand on approche la lentille du foyer de l'objectif, on diminue l'aberration de réfrangibilité, et en donnant à cette premiere lentille une figure telle que tous les points de l'image soient à une même distance de l'œil, on corrige l'aberration de sphéricité. Ainsi les opticiens ont tort de dire communément que la meilleure construction des oculaires est celle où tous les faisceaux de lumiere viennent couper l'axe dans un même point : il suffit que l'espace qu'ils prennent sur l'axe soit plus petit que l'ouverture de la prunelle; ce qui arrive toujours si le diametre du faisceau de lumiere est plus petit que cette même ouverture.

M. Ramsden a aussi imaginé un micrometre objectif à réflexion dont on trouve la description dans les Transactions Philosophiques de la société royale de Londres, 1779. Il fait voir dans son mémoire les inconvénients et l'inexactitude de celui que Bouguer imagina le premier en 1748, dans lequel les diverses positions de l'œil par rapport au pinceau de lumiere font que les deux images paroissent tantôt se toucher, tantôt se séparer, et quelquefois alternativement par des especes d'oscillations. Il sentoit aussi que l'aberration des rayons, qui rend les objets mal terminés, augmentoit l'inconvénient de cet instrument. Il crut donc qu'il falloit abandonner le principe de la réfraction et y substituer celui de la réflexion. Cet instrument, aussi simple qu'ingénieux, ne renferme pas d'autres miroirs ni d'autres verres que ceux qui sont nécessaires pour le télescope; et la séparation des deux images ne dépend que de l'inclinaison des miroirs et non du foyer.

Il s'occupa aussi cependant à perfectionner le micrometre à réfraction, et il eut l'idée heureuse de placer ce micrometre non du côté de l'objectif, mais précisément dans le foyer conjugué du premier oculaire. Ce micrometre est composé de deux demi-lentilles qui se meuvent et forment deux images comme dans les micrometres objectifs, mais avec cette différence que les rayons, avant de tomber sur les demi-lentilles, passent par une autre lentille entiere placée à une certaine distance du côté de l'objectif; par ce moyen les réfractions contraires des deux demi-lentilles et de la lentille entiere corrigent l'erreur qui a lieu dans les micrometres objectifs où l'image ne dépend que du foyer des deux demi-lentilles. L'image étant déja considérablement agrandie avant que de tomber sur le micrometre, la réfraction et l'imperfection des verres ne peuvent occasionner qu'une erreur insensible sur la mesure des angles. Il est vrai que par cette position le champ du micrometre sera plus petit que celui qu'il auroit eu si le micrometre eût été près de l'objectif. Mais il a trouvé qu'en augmentant l'ouverture de la lentille entiere sans en augmenter le foyer, on peut obtenir un champ aussi grand que dans les meilleurs micrometres objectifs. M. R. a trouvé aussi le moyen de faire que les images soient uniformément éclairées dans toutes les parties du champ. Avec ce micrometre on peut mesurer le diametre des planetes dans tous les sens; on peut l'adapter à toutes sortes de lunettes achromatiques; on peut l'approcher ou l'éloigner de l'objectif à volonté pour rendre la vision distincte, et on peut la retirer du tuyau des oculaires pour se servir de la lunette sans micrometre. Tous ces avantages ont donné un grande réputation aux micrometres de Ramsden, et l'on félicite un astronome qui peut en avoir un de sa façon.

La société royale de Londres adopta M. R. en 1786: cet homme unique est bien digne d'occuper une place dans cette célebre académie; mais il n'a pas discontinué ses utiles travaux ni le commerce qui est nécessaire pour pouvoir les continuer.

Les objets dont j'ai parlé jusqu'ici ne sont pas les ouvrages les plus importants de M. R. L'équatorial, l'instrument des passages et le quart de cercle ont reçu de nouvelles perfections entre ses mains. L'équatorial, que Sisson avoit d'abord exécuté, et que Short perfectionna un peu, a gagné beaucoup entre les mains de M. R. Il a d'abord retranché la vis sans fin, qui en pressant le centre en détruisoit la précision; il a placé le centre de gravité sur le centre de la base; il a fait que tous les mouvements eussent lieu sur tous les sens; il a indiqué les moyens de rectifier l'instrument dans toutes ses parties, et il y a appliqué une petite machine très ingénieuse pour mesurer ou corriger l'effet de la réfraction. Cette invention est beaucoup antérieure à celle que M. Dollond a donnée dans les Transactions Philosophiques. M. R. a eu un privilege exclusif pour cette espece d'équatorial: mais le meilleur moyen d'empêcher qu'on n'en fît d'autres ailleurs seroit d'en fournir lui-même un plus grand nombre aux astronomes et aux amateurs. M. Mackensie, frere de mylord Bute, qui chérit et qui admire M. Ramsden, a fait lui-même une description de cette machine, qui est imprimée; mais M. Ramsden ne se conforme pas toujours entièrement à la description. Son génie inventif lui permet rarement d'exécuter le même instrument plusieurs fois de la même maniere, et trop souvent il lui est arrivé de briser des instruments qui, après avoir coûté beaucoup, n'avoient pas réussi à son gré.

Le plus grand équatorial qui ait jamais été fait est celui qu'il exécute actuellement pour M. le chevalier Schuckburgh, et auquel il travaille depuis neuf ans. Le cercle des déclinaisons a quatre pieds de diametre, de maniere qu'on puisse les observer à une seconde près; et la lunette est placée entre six colonnes qui forment l'axe de la machine, et dont l'assemblage tourne autour de deux pivots établis sur deux massifs de maçonnerie.

L'instrument des passages est employé dans tous les grands observatoires de l'Europe; mais M. Ramsden y a ajouté plusieurs perfections: il a imaginé la maniere d'éclairer les fils en faisant passer la lumiere le long de l'axe de la machine; le réfléchisseur est placé intérieurement et obliquement dans le milieu; il n'ôte rien à l'ouverture de l'objectif; et comme la lumiere passe au travers d'un prisme coloré que l'on peut faire mouvoir à volonté, on peut augmenter ou diminuer la lumiere.

Pour la vérification de cet instrument essentiel, M. R. a imaginé un moyen qui dispense de l'usage des niveaux d'esprit-de-vin, dont il ne fait pas de cas, parcequ'ils ne peuvent donner toute l'exactitude à la quelle aspire toujours M. Ramsden. Il suspend un fil à-plomb devant la lunette placée verticalement ; ce fil passe sur deux points qui sont marqués sur deux pieces fixées l'une au haut, l'autre au bas de la lunette, et dont une a un petit mouvement ; le fil est absolument détaché de la lunette ; et quand il répond sur les mêmes points dans les deux situations différentes de la lunette, on est sûr que l'axe est horizontal, comme vous l'avez remarqué dans votre Astronomie. Mais ce qu'il y a de plus ingénieux et de plus neuf dans la méthode de M. Ramsden, c'est que le fil à-plomb ne passe quelquefois que par les images des points, qui sont formées au foyer d'une lentille, parcequ'il est obligé quelquefois d'écarter beaucoup le fil de l'instrument et du point ; mais l'exactitude n'en est pas diminuée, et il n'y a aucune parallaxe : ce n'est pas le point qui me servira, disoit-il une fois en plaisantant, c'est seulement le *ghost* (comme on dit les esprits ou les revenants.)

Ces lunettes méridiennes de Ramsden, telles qu'il y en a à Blenheim, à Manheim, à Dublin, et telles qu'il en fait actuellement pour Paris et pour Gotha, sont encore remarquables par l'excellence des objectifs. M. Ussher écrivoit de Dublin qu'il voyoit en plein jour les étoiles de la quatrieme grandeur, et celles de la troisieme fort près de la conjonction au soleil. Ces lunettes ont huit pieds : j'ai eu moi-même le bonheur d'en obtenir une pour mon observatoire de Palerme ; elle n'a que cinq pieds, mais elle est si bonne, et le ciel est si beau en Sicile, que j'espere avoir le même avantage pour mes observations.

Le quart de cercle mural est l'instrument le plus important de toute l'astronomie ; et M. Ramsden s'y est distingué par l'extrême exactitude des divisions et par la maniere dont il a su dresser les plans en les travaillant dans une situation verticale. Il place le fil à-plomb derriere l'instrument pour qu'on ne soit pas obligé de l'ôter lorsqu'on observe près du zénith. Sa maniere d'éclairer l'objectif et en même temps les divisions, et de suspendre la lunette, est encore nouvelle et par conséquent plus parfaite.

Dans ceux de huit pieds ($7\frac{1}{2}$ de France) qu'il a faits pour les observatoires de Padoue et de Vilna, que M. Maskelyne a examinés, la plus grande erreur ne passe pas deux secondes et demie ; celui de Milan est très avancé actuellement et il est de la même grandeur.

Le mural de mylord Marlborough à Blenheim, qui a six pieds, est, pour ainsi dire, un autre instrument que vous avez admiré comme moi ; il tient à un assemblage de quatre colonnes qui tournent sur deux pivots de façon que l'on peut mettre l'instrument au nord et au midi en une minute. Cet instrument est aussi beau qu'il est parfait ; mais personne n'étoit plus digne que mylord Marlborough d'en être le possesseur ; les astronomes de profession n'ont pas plus de zele, d'assiduité ni d'exactitude. C'est pour ce bel instrument que M. Ramsden a imaginé un moyen pour rectifier l'arc de quatre-vingt-dix degrés sur lequel un habile astronome avoit élevé quelques difficultés ; mais avec un fil horizontal et un fil à-plomb formant une espece de croix qui ne touche point au quart de cercle, il lui montra qu'il n'y avoit pas une seule seconde d'erreur sur 90 degrés, et que la différence venoit d'un mural de Bird où l'arc de 90 degrés contient plusieurs secondes de trop, et qui n'avoit jamais été vérifié par une méthode aussi exacte que celle de M. Ramsden.

Mais le quart de cercle n'est pas l'instrument dont M. Ramsden fait le plus de cas ; c'est le cercle entier : et il vous a démontré à vous-même qu'il falloit renoncer au quart de cercle pour parvenir au dernier degré de précision dont l'observation est susceptible. Voici ses principales raisons : 1°. la moindre variation dans le centre s'apperçoit par les deux points opposés diamétralement ; 2°. ce cercle ayant été travaillé sur le tour, le plan est toujours d'une rigoureuse exactitude, ce qu'il est impossible de se procurer dans un quart de cercle ; 3°. on peut avoir toujours deux mesures du même arc, ce qui sert de vérification ; 4°. on peut vérifier le premier point de la division tous les jours avec la plus grande facilité ; 5°. la dilatation du métal y est réguliere et ne peut produire aucune erreur ; 6°. cet instrument est une lunette méridienne en même temps qu'un mural ; 7°. il devient encore un cercle mobile azimutal en ajoutant un cercle horizontal au-dessous de l'axe, et donne alors les réfractions indépendamment de la mesure du temps : aussi avez-vous approuvé la résolution que j'ai prise de me borner à cet instrument, et de ne pas quitter Londres jusqu'à ce que je puisse emporter avec moi le cercle de cinq pieds que M. Ramsden termine pour l'observatoire de Palerme. Aussitôt que le mien sera fini, M. Ramsden promet de travailler à celui de Paris, qui a 8 pieds 8 pouces anglois de diametre, pour lequel vos instances et vos raisons lui ont fait une véritable impression. Il espere ensuite achever celui de Dublin, qui a douze pieds et que vous avez vu déja dégrossi ; mais il croit qu'un cercle de 8 pieds suffit pour avoir une précision d'une demi-seconde comme dans le *zenit sector* qu'on emploie pour les observations les plus rigoureuses de la figure de la terre ; et comme un plus grand instrument seroit susceptible de difficultés et d'erreurs qui compenseroient la grandeur des divisions, il pense qu'il ne faut pas passer 8 pieds (1).

Vous avez remarqué, Monsieur, avec la plus grande satisfaction la maniere ingénieuse dont l'axe est supporté pour qu'il n'y ait presque pas de frottement sur les pivots, et sur-tout la nouvelle invention de M. Ramsden pour rendre l'axe parfaitement horizontal par le moyen d'un fil à-plomb, qui est cependant au dehors de la machine; ce fil à-plomb est suspendu de maniere à battre sur un point qui tient à une piece horizontale dont la situation est guidée par le plan du cercle, en sorte que le fil à-plomb ne donne sur le point que quand le plan est parfaitement vertical. Vous avez eu le plaisir de voir ce génie inventeur s'exercer sur ce problême nouveau et le résoudre de la maniere la plus complete.

Comme son talent s'est exercé dans tous les genres, il a rassemblé dans ses atteliers toutes les professions qui ont rapport à la construction des instruments, pour ne tirer rien de dehors. Le même ouvrier travaille toujours dans le même genre, et obtient par là le plus grand degré d'exactitude. Mais, malgré cette perfection qui devroit contribuer à sa fortune, M. R. donne les instruments à moindre prix que les autres artistes de Londres; la différence est quelquefois d'un tiers. Quoiqu'il ait près de soixante ouvriers dans ses atteliers, il lui est impossible de satisfaire aux demandes qui lui sont faites de toutes les parties du monde, et vous avez éprouvé vous-même combien il est difficile d'en obtenir des instruments.

On ne sauroit trouver une personne plus raisonnable que M. R., plus appliquée, plus indifférente pour les plaisirs et pour la fortune (2). Sa frugalité est extrême, et il n'y a personne d'aussi honnête, d'aussi complaisant et d'aussi doux. J'espere, Monsieur, que vous publierez avec plaisir ce tribut de ma reconnoissance pour un homme rare, que vous aimez comme moi, et qui a conçu pour vous à son tour un véritable attachement.

A Londres le 1 septembre 1788.

---

(1) La description du cercle que M Ramsden a fait pour Palerme se trouve en abrégé dans l'ouvrage de M. Vince intitulé, *a Treatise on Practical Astronomy*, 1790. Mais M. Piazzi en donnera une plus détaillée et plus complete, que je m'empresserai de faire connoître.

(2) Il auroit pu avoir une pension du Roi; il a craint, dit-il, d'être esclave ou ingrat.

PRÉFACE

DE

L'ÉDITION ANGLOISE.

M. Ramsden, qui fait les instruments de mathématiques dans la rüe de Piccadilly, a reçu 615 livres sterling (15130 liv. de France) en conséquence d'un certificat des commissaires de la longitude, en leur remettant avec serment une description complete et par écrit des dessins de sa machine à diviser et de la maniere de s'en servir, de même que de la machine par laquelle la vis sans fin qui en est la principale partie a été formée. Il est convenu des propositions qu'ils lui ont faites de devenir propriétaires de la machine pour l'usage du public. Il s'est engagé à donner aux commissaires et aux artistes qu'ils choisiroient, jusqu'au nombre de dix, pendant l'espace de deux ans, à compter du 28 octobre 1775, les instructions suffisantes pour la construction et l'usage de cette machine, de maniere qu'ils soient entièrement à portée d'en construire de même espece. Il s'est obligé lui-même à diviser sur sa machine les octants et les sextants qu'on lui portera, à raison de 3 schellings par octant (3 liv. 14 sous), tant que les commissaires laisseront la machine entre ses mains. Le prix est de 6 schellings pour chaque sextant, avec un nonius qui donne les demi-minutes.

Des 615 liv. sterling données à M. Ramsden, 300 sont une récompense pour la perfection qu'il a ajoutée à l'art de diviser les instruments et pour l'invention de la machine, et 315 sont le prix de cette machine, qui appartient actuellement aux commissaires de la longitude pour l'usage du public, et une suite des autres considérations qui ont été rapportées ci-dessus.

Pour étendre davantage l'usage de cette machine, les commissaires ont ordonné que l'explication seroit imprimée et les dessins gravés pour être rendus publics; et c'est en conséquence de cette décision qu'on la publie aujourd'hui.

Nevil MASKELYNE, astronome royal.

A Greenwich le 28 novembre 1776.

DESCRIPTION

DE LA

MACHINE FAITE POUR DIVISER

LES

INSTRUMENTS DE MATHÉMATIQUES.

La machine consiste en une grande roue de métal de cloche, qui a 45 pouces de diametre (42 de France), placée sur un support de mahogany (1) qui a trois pieds assemblés fortement par des crochets : sur chaque pied du support est une poulie conique : la roue appuie sur ces poulies ; et pour qu'elle n'en sorte pas, la piece du centre tourne dans une douille ou cylindre creux qui est au haut du pied.

La circonférence de la roue est striée et contient 2160 dents ou filets dans lesquels engrene une vis sans fin ; six tours de la vis font parcourir un degré à la roue. On verra ci-après la maniere de former les filets.

Il y a un cercle de cuivre fixé sur l'arbre de la vis, et dont la circonférence est divisée en soixante parties, en sorte que chacune répond à 10″ de mouvement.

Différents arbres d'acier trempé entrent exactement dans la douille qui est au centre de la roue; les parties supérieures sont tournées de différents calibres pour qu'on puisse y ajuster

---

(1) Le mahogany des Anglois ou l'acajou des François est l'arbre appellé dans Linné *swietenia*, et dans Brown *cedrela*; il est différent du *cedrela* de Linné, qui est un cedre dans Pluknet, et dont on fait des planches qu'on appelle aussi quelquefois planches d'acajou. Il est encore plus différent de l'arbre qui donne les noix d'acajou, appellé *anacardium* dans Linné.

les centres des divers instruments que l'on veut diviser sur la machine.

On fixe l'instrument avec des vis qui entrent dans des trous pratiqués à cet effet dans les rayons de la roue : quand il est bien assujetti, le chassis qui conduit l'outil à diviser, ou le tracelet, se place à une extrémité où il est assemblé avec le chassis qui conduit la vis sans fin, tandis que l'autre extrémité embrasse la partie de l'arbre du centre qui est au-dessus de l'instrument qu'on veut diviser, avec une entaille angulaire qui est faite dans une piece d'acier trempé; par ce moyen les deux extrémités du chassis sont parfaitement assujetties et garanties de tout déplacement.

Le chassis qui conduit le tracelet glisse sur celui qui conduit la vis sans fin jusqu'à la distance du centre qu'exige le rayon de l'instrument qu'on divise, et on l'y arrête par deux agraffes auxquelles le tracelet est assujetti par deux doubles coulisses qui permettent un mouvement facile dans la direction du rayon pour couper en divisant, sans aucun mouvement latéral.

On voit par ce qui vient d'être dit, que l'instrument ainsi placé sur la machine à diviser peut être mu angulairement par la vis, et le cercle divisé en tournant sur son axe, et que cet angle peut être marqué sur le limbe de l'instrument avec la plus grande exactitude par le tracelet, qui ne se meut que dans une ligne dirigée vers le centre et qui n'a point les inconvénients d'un instrument qui coupe par son bord. Cette méthode prévient aussi les inconvénients qui pourroient résulter de l'expansion du métal pendant le temps que dure l'opération (1). Le chassis de la vis est fixé à l'extrémité d'un pilier conique qui tourne librement autour de son axe et qui se meut librement dans la direction du rayon, de maniere

(1) Au reste on peut diviser un octant de 10 en 10 minutes en une demi-heure.

que le chassis de la vis peut être entièrement guidé par le chassis qui le lie avec le centre. Par ce moyen l'excentricité quelconque de l'arbre et de la roue ne pourroit produire aucune erreur dans la division; et, par une invention particuliere qui sera décrite ci-après, la vis, lorsqu'elle est pressée contre les dents de la roue, se meut toujours parallèlement à elle-même, de maniere que la ligne qui joint le centre de l'arc et le tracelet fait toujours des angles égaux avec la vis.

La figure premiere contient la machine tout entiere vue en perspective.

La figure 2 est le plan réduit au quart de ses dimensions (1); et la figure 3 représente la section sur la ligne ΠΛ.

La grande roue A, qui a 45 pouces de diametre, a dix rayons, dont chacun est fortifié par des regles de chan, comme on le voit dans la figure 3; ces rayons et ces regles sont liés par un anneau circulaire B qui a 24 pouces de diametre et 3 de hauteur; et pour plus grande force le tout a été fondu d'une seule piece en métal de cloche.

Comme le poids tout entier de la roue A porte sur l'anneau B, les regles de chan sont plus larges vers cet anneau, et elles diminuent en allant soit du côté du centre soit du côté de la circonférence, comme on le voit dans la figure 3.

La surface de la roue A a été travaillée de maniere à être exactement dans un même plan, et sa circonférence arrondie sur le tour. L'anneau C, dont on voit la section dans la figure 3, est du meilleur laiton; il a été placé exactement sur la circonférence de la roue et arrêté avec des vis qui, après avoir été serrées aussi fortement qu'on a pu, ont été rivées.

La surface d'un grand mandrin (*chuck*) étant tournée exactement à la regle et rendue par ce moyen parfaitement plane, la surface plane A de la roue y a été arrêtée fortement.

---

(1) Les figures angloises étoient à moitié des dimensions de la machine; mais il nous a paru qu'il n'y avoit aucun inconvénient à les réduire encore de moitié.

Les deux surfaces et la circonférence de l'anneau C, le trou qui est au centre, et la partie plane *b* qui l'environne, et le bord inférieur de l'anneau B, ont été tournés tout à la fois. Fig. 3.

La piece D de métal de cloche ayant un trou travaillé avec le plus grand soin en ligne droite (1), reçoit l'arbre d'acier *d* qui y entre exactement et à frottement très dur. Cette piece a été tournée sur un arbre, et sa surface qui touche la roue en *b* a été tournée bien plane, de maniere que l'arbre d'acier *d* soit exactement perpendiculaire au plan de la roue. Cette piece de métal est arrêtée sur la roue par six vis d'acier *l*. Une piece de cuivre Z est arrêtée au centre du pied de mahogany; elle reçoit dans sa cavité la partie de la piece D, et la touche dans la partie étroite tout près de l'ouverture pour empêcher que la roue ne penche par l'inclinaison de l'arbre: au reste on n'a pas besoin ici d'une exactitude rigoureuse; car un jeu dans le genou Z ne produiroit pas de mauvais effets, comme on le verra bientôt lorsque nous décrirons le chassis qui porte le tracelet.

La roue a été mise ensuite sur son pied, le bord inférieur de l'anneau B restant sur la circonférence des trois poulies coniques W pour faciliter son mouvement autour du centre. Fig. 1, et 3. L'axe d'une des trois est dans la ligne qui joint le centre de la roue et le milieu de la vis sans fin, et les deux autres sont placées de maniere qu'il y ait des distances égales entre toutes les trois.

F est un bloc de bois arrêté fortement sur un des pieds Fig. 1. du support; la piece *g* est vissée à la partie supérieure du bloc Fig. 4. et a des trous formés par deux demi-cylindres creux dans lesquels tourne l'axe *h*: les deux pieces sont liées ensemble par des vis *i* et ne forment qu'un seul trou.

L'extrémité inférieure du pilier conique P est terminée par Fig. 1 et 4.

(1) Ce trou est une des parties les plus difficiles et les plus importantes de l'instrument; s'il n'étoit pas parfaitement droit, il plieroit l'arbre sans qu'on s'en apperçût.

Fig. 4. une aiguille cylindrique d'acier *k* qui passe au travers de l'axe *h*, qui a la liberté d'y tourner, et qui y est maintenue par une plaque et une vis A. A la partie supérieure du pilier conique Fig. 4. est arrêté le chassis G dans lequel tourne la vis sans fin; ses pivots sont formés de deux parties coniques réunies par Fig. 5. un cylindre comme on le voit en X. Ces pivots sont logés dans deux cavités qui pressent seulement sur les parties coniques et ne touchent point la partie cylindrique. Ces cônes sont assemblés par une vis *a* qui peut être serrée à volonté pour empêcher que la vis sans fin n'ait du jeu.

Fig. 1, 2, 4 et 5. Sur l'arbre de la vis est une petite roue de cuivre K dont le bord extérieur est divisé en soixante parties marquées de six en six par les nombres 1, 2, etc. jusqu'à 10; le mouve- Fig. 4 et 5. ment de cette roue est marqué par l'index *y* sur le chassis G de la vis.

Fig. 1. H représente une partie du support ayant une fente dirigée vers le centre de la roue, assez large pour recevoir la partie supérieure d'un pilier conique de cuivre P qui porte la vis et son chassis; et comme la résistance qui a lieu lorsque la roue est mise en mouvement par la vis sans fin s'exerce sur le côté gauche de la fente H, ce côté est garni de cuivre, et le pilier y appuie par le moyen d'un ressort qui est au côté opposé; par là le pilier est très bien soutenu par le côté, et cependant la vis peut être facilement pressée contre la circonférence de la roue ou en être dégagée, et le pilier tournera librement sur son axe pour prendre la direction que lui donnera le chassis L.

Fig. 4. A chaque coin de la piece I sont des vis *n* d'acier trempé ayant des pointes coniques polies; deux de ces vis tournent dans des trous coniques qui sont dans le chassis de la vis près de *o*, et les pointes des deux autres vis tournent dans des trous qui sont dans la piece Q. Les vis *p* sont d'acier et sont serrées pour empêcher que les pointes coniques des vis ne se lâchent lorsque le chassis est en mouvement.

L est un chassis de cuivre qui assemble avec le centre de la roue la vis sans fin et son chassis; ses deux bras sont terminés chacun par une vis d'acier qui peut passer par un trou q dans la piece Q suivant que l'exige l'épaisseur de l'instrument que l'on doit diviser sur la roue : ces vis sont arrêtées par des écrous r qu'on peut serrer avec les doigts (*finger nut*). Fig. 1, 2, 6. Fig. 4. Fig. 1 et 2.

Il arrive souvent que l'instrument qu'on veut diviser n'a pas un trou suffisant pour y faire entrer l'arbre d'acier qui est au centre de la machine; il faut alors en employer un plus petit : mais il pourroit n'être pas assez fort pour résister à quelque inégalité de pression qui pourroit avoir lieu par accident sur un des bras du chassis L : la moindre élévation de cet arbre inclineroit le chassis du côté où glisse le chassis qui trace les divisions, et causeroit une erreur dans les lignes. Pour mieux assurer la position du chassis L et par conséquent de celui qui trace les divisions, M. Ramsden, depuis la description imprimée de sa machine, a supprimé la coulisse et ses bras, et il a mis en place un fort chassis ABC, fig. 10, formé par des tubes de cuivre, excepté la partie DC qui est faite autrement pour pouvoir être attachée au chassis L. On voit dans la figure 11 la coupe ou la section de cette partie sur la ligne MN, l'extrémité du chassis L qui y est attaché, la coupe de la piece qui joint les deux bras du chassis L, un des bras de ce chassis et la section *abc* de la piece DE. Deux vis TT servent à élever ou abaisser le chassis L quand cela est nécessaire : on le fixe ensuite par deux vis de pression FF dont une paroît dans la figure de la coupe. On comprend que les deux vis FF passent dans des fentes de la piece DE, sans quoi le chassis ne pourroit se mouvoir par le moyen des vis TT.

La longueur du chassis ABC est telle que le rouleau qui est à chaque extrémité A et B peut entrer dans l'anneau de la roue, pour prévenir le frottement du chassis sur le cercle lorsqu'on fait travailler la machine. Ce moyen de soutenir latéralement le chassis L et le chassis du tracelet qui glisse dessus empêche les erreurs dont nous avons parlé, qui, sans cela, seroient d'une dangereuse conséquence pour peu qu'on manquât d'attention en divisant.

Fig. 6. A l'autre extrémité de ce chassis est une plaque d'acier
Fig. 1 et 2. trempé *b*, dans laquelle il y a une fente angulaire. Lorsque la vis sans fin est pressée contre les dents de la circonférence
Fig. 2. de la roue, ce qui se fait en tournant la vis de pression S pour
Fig. 1, 2, 6. presser contre le ressort *e*, cette fente embrasse et presse l'arbre d'acier *d*. Cette extrémité du chassis peut être élevée ou abaissée en faisant mouvoir la coulisse prismatique *u* qui peut être fixée à la hauteur que l'on veut par quatre vis d'acier *v*.

Fig. 1 et 6. L'extrémité de ce chassis ou prisme a une entaille angu-
Fig. 3. laire *k* dans une ligne qui passe par le centre du cercle et le milieu de la vis. Cette extrémité du chassis est garantie de toute espece de jeu : la vis S ne peut tourner étant serrée par
Fig. 1 et 2. l'écrou à main *w*.

Les dents de la circonférence de la roue ont été taillées de la maniere suivante; ayant réglé le nombre des dents qui étoit le plus convenable, savoir de six fois 360 ou 2160, je fis deux vis d'acier trempé de même dimension de la maniere qui sera décrite ci-après, dont les pas étoient tels que je les avois trouvés par le calcul pour être dans les limites qui convenoient à la circonférence de la roue. Une de ces vis qui étoit destinée à couper les dents étoit entaillée en travers, de maniere que la vis, lorsqu'elle étoit pressée contre le bord de la roue et qu'on la faisoit tourner, le coupoit en maniere de scie. Ayant pris ensuite un segment de cercle d'un peu plus de soixante degrés et à-peu-près de même rayon que la roue, et en ayant marqué bien exactement la circonférence, je décrivis un arc fort près du bord où je marquai la corde de soixante degrés. Ce segment fut mis à la place de la roue :

le bord fut cannelé, et l'on compta le nombre de révolutions et de parties de la vis contenues dans l'intervalle des soixante degrés. Le rayon fut corrigé dans la proportion de 360 révolutions qu'il devoit y avoir dans les soixante degrés au nombre qui s'y trouvoit réellement, et le rayon ainsi corrigé, étant pris avec un compas à verge tandis que la roue étoit sur le tour, une pointe du compas fut placée au centre, et avec l'autre on décrivit un cercle sur l'anneau : alors la moitié de la profondeur des filets de la vis ayant été prise au dehors du cercle, on décrivit une autre circonférence qui coupoit ce point: on tourna alors un creux sur le bord de la roue, en sorte que la courbure de cet enfoncement fût le même que celui de la vis à la base des filets : le fond de ce creux fut tourné sur le même rayon ou la même distance au centre de la roue que la partie extrême des deux cercles dont nous avons parlé.

La roue fut ensuite ôtée de dessus le tour; la piece D de métal de cloche fut vissée, comme on l'a expliqué ci-devant, pour n'être plus ôtée dans la suite. Fig. 3.

Du centre pris très exactement on décrivit un cercle sur l'anneau C, d'environ quatre dixiemes de pouce au dedans du point où devoit passer le fond des dents. Ce cercle fut divisé avec la plus grande exactitude dont je fus capable, d'abord en cinq parties et chacune en trois; ces parties furent encore subdivisées en deux, et cela quatre fois; c'est-à-dire qu'en supposant la circonférence entiere de la roue contenir 2160 dents, chacune des cinq parties en contenoit 432, les tiers 144, et les subdivisions 72, 36, 18 et 9 : ainsi chacune des dernieres divisions contenoit neuf dents : mais comme je comprenois qu'il pouvoit résulter quelque erreur de la division en cinq et en trois, pour examiner l'exactitude des divisions, je décrivis un autre cercle sur l'anneau C, $\frac{1}{10}$ de pouce en dedans du premier, et je le divisai par une bissection continue, comme 2160, 1080, 540, 270, 135, $67\frac{1}{2}$ et $33\frac{3}{4}$; et comme le fil d'archal fixe qui sera décrit dans un instant, coupoit les Fig. 1, 2, 3. Fig. 7.

deux cercles, je pouvois vérifier leur accord à chaque 135 révolutions; après avoir taillé les dents, je pouvois l'examiner sur chaque $33\frac{3}{4}$: mais ne trouvant pas de différence sensible entre les deux suites de divisions, je fis choix de la premiere pour former la denture, et comme la coïncidence du fil fixe avec l'intersection pouvoit être déterminée plus exactement que par la division, je fis usage des intersections dans chacun des cercles décrits ci-dessus.

Fig. 7. Les bras du chassis L ont été assemblés par une piece mince de cuivre qui a trois quarts de pouce de large ayant dans le milieu un trou de $\frac{4}{10}$ de pouce de diametre. Ce trou étoit traversé par un fil d'argent dirigé exactement vers le centre de la roue. La coïncidence de ce fil avec les intersections se regardoit avec une lentille de $\frac{7}{10}$ de pouce de foyer, fixée dans un cube qui étoit attaché à un des bras L. Les intersections sont marquées seulement pour plus grand éclaircissement, quoique véritablement on ne les voie pas, parcequ'elles sont sous la platine de cuivre.

Maintenant le manche étant fixé à l'extrémité de la vis, la division marquée 10 sur le cercle K étoit mise sur son index, et par le moyen d'une agraffe, et d'une vis, disposées pour cet effet, l'intersection marquée 1 sur le cercle C étoit placée de maniere à coïncider exactement avec le fil fixe; la vis étoit alors serrée avec soin contre la circonférence de la roue par le moyen de la vis de pression S; alors retirant l'agraffe, je fis faire à la vis avec son manche neuf révolutions, jusqu'à ce que l'intersection marquée 240 arrivât près du fil; alors desserrant la vis de pression S, je retirai la vis de la roue, et je tournai celle-ci en arriere jusqu'à ce que l'intersection marquée 2 coïncidât exactement avec le fil, et par le moyen de l'agraffe dont j'ai parlé la division 10 du cercle étant placée sur l'index, la vis étoit serrée contre le bord de la roue par le moyen de la vis de pression S; mais ensuite l'agraffe étoit retirée; on faisoit faire neuf révolutions à la vis jusqu'à ce que l'intersection marquée 1 coïncidât à très peu près avec le fil fixe ; la grande vis se desserroit de la roue en détournant la vis de pression S comme auparavant; on retiroit la roue jusqu'à ce que l'intersection 3 coïncidât avec le fil fixe; la division 10 sur le cercle étant mise de nouveau sur l'index, on pressoit la vis contre la roue comme auparavant, et on lui faisoit faire neuf tours jusqu'à ce que l'intersection 2 coïncidât avec le fil fixe ; après quoi je desserrai la vis : je procédai de la même maniere jusqu'à ce que les dents fussent marquées tout autour de la circonférence de la roue. Cela fut répété trois fois tout autour, pour rendre plus profonde l'impression de la vis ; alors j'usai la roue en tournant continuellement dans la même direction sans desserrer la vis, et en grattant la roue environ trois cents fois tout autour, la denture fut achevée.

Par ce procédé il est évident que si la circonférence de la roue étoit même d'une dent ou de dix minutes plus grande que la vis ne l'exigeoit, cette erreur se réduisoit à $\frac{1}{240}$ de tour, ou 2″, 5, et ces inégalités ou ces erreurs des dents seroient également distribuées tout autour de la roue à la distance de neuf dents l'une de l'autre. Maintenant comme la vis, en ratissant, a continuellement usé plusieurs dents à la fois, et que ces dents changeoient continuellement, ces inégalités se corrigeoient d'elles-mêmes, et les dents se réduisoient à une parfaite égalité.

La piece de cuivre qui portoit le fil ayant été ensuite enlevée de même que la vis coupante, on en a substitué une qui étoit unie, et que l'on décrira ci-après : à une des extrémités de la vis est un petit cercle de cuivre dont le bord est divisé en soixante parties égales, qui sont marquées de six en six, comme on l'a dit; à l'autre extrémité de la vis est une roue C de soixante dents, couverte par un cercle creux *d* qui Fig. 5. porte deux cliquets qui tombent dans les points opposés de la denture. Lorsque la vis tourne au dehors, le cylindre S tourne

sur un fort arbre d'acier F, qui passe au travers et qui est fortement vissé sur la piece Y. Cette piece, pour plus grande sû-
Fig. 4. reté, est attachée au chassis de la vis G par des crochets *v*; une rainure en spirale ou filets est taillée à la surface du cylindre S qui sert soit pour porter le cordon, soit pour donner le mouvement au levier J sur son centre par le moyen d'une dent d'acier *n* qui avance entre les filets de cette rainure spirale.

Une forte cheville d'acier *m* est attachée au levier, et un creux de cuivre *r* tourne sur cette cheville et passe au travers d'une fente dans la piece *p*, et peut être arrêtée dans chaque endroit de la fente par une vis de pression *f*: cette piece sert à régler le nombre des révolutions de la vis pour chaque mou-
Fig. 1. vement de la pédale R.

Fig. 1. Une boîte de cuivre contient un ressort spiral; une forte corde à boyau est arrêtée et fait trois ou quatre tours sur la circonférence de cette espece de barillet: la corde passe plusieurs fois autour du cylindre S, et aboutit en bas à la pédale R. Maintenant, lorsqu'on presse avec le pied la pédale, le cordon fait tourner le cylindre S autour de son axe, et les cliquets prenant les dents, font tourner la vis en même temps
Fig. 4. jusqu'à ce que la dent *n* qui tourne dans la fente spirale amene le levier J auprès de la roue *d*, et le cylindre est arrêté par la tête de la vis *x* qui frappe contre l'extrémité du levier J; en même temps le ressort est tendu par l'autre extrémité de la
Fig. 1. corde à boyau qui passe autour de la boîte T.

Lorsqu'on retire le pied de dessus la pédale, le ressort se débandant de lui-même, fait revenir le cylindre; les cliquets
Fig. 4. quittent la denture et la vis jusqu'à ce que la piece *t* frappe sur l'extrémité de la piece *p*: le nombre de révolutions de la vis à chaque filet est déterminé par le nombre des révolutions que le cylindre est obligé de faire en tournant jusqu'à ce qu'il soit arrêté par la piece *p*.

Lorsque la vis sans fin tourne autour de son axe avec une

grande vitesse, elle continueroit son mouvement un peu après que le cylindre S seroit arrêté. Pour y remédier on a fait un levier angulaire η en fonte; lorsque le levier J est prêt d'arrêter la vis x, il presse par le moyen d'une petite cannelure la piece $\varkappa$ du levier angulaire; l'autre extrémité η du même levier est poussée au dehors et arrête la vis sans fin en poussant contre son extrémité la cheville d'acier μ; le pied du levier est ensuite relevé par un petit ressort qui passe contre le crochet ν. Fig. 1, 4.

Deux agraffes D, assemblées par la piece α, glissent une sur chaque bras du chassis L, et peuvent être fixées à volonté par quatre vis de pression ε qui appuient sur des ressorts d'acier pour éviter de gâter les bras; la piece q est faite pour tourner sans aucun jeu entre deux vis à pointe conique f que l'on assujettit en serrant les vis N. La piece M est faite pour tourner sur la piece q au moyen de la pointe d'une vis conique s qui reste dans le creux du centre e. Fig. 1, 2, 6. Fig. 6.

Comme il y a des occasions fréquentes de faire des divisions sur des plans inclinés, la piece γ dans laquelle le tracelet est fixé, a un axe conique à chaque extrémité, qui tourne dans des creux. Lorsque le tracelet est placé à une certaine inclinaison, il peut y être fixé en serrant la vis d'acier β.

Description de la machine par le moyen de laquelle on a taillé la vis sans fin de la machine à diviser.

La figure 9 représente cette machine de toute sa grandeur vue par un côté. La figure 8 la représente vue par-dessus.

Une barre triangulaire d'acier A porte les trous triangulaires qui sont dans les pieces B et C, qui peuvent être fixées à chaque extrémité de la barre par des vis D.

Une piece d'acier E est celle sur laquelle la vis doit être taillée après avoir été durcie et trempée : elle a ses pivots tournés en forme de deux portions de cône, comme on le voit dans le dessin de la machine à diviser, figure 5 : ces pivots sont exactement ajustés dans les demi-trous F et T qui sont réunis ensemble par des vis Z.

On voit en H une vis d'acier non trempé ayant un pivot I qui tourne dans le creux K; à l'autre extrémité de la vis est un centre creux qui reçoit les pointes coniques durcies de la cheville d'acier M; lorsque cette pointe est suffisamment pressée contre la vis pour empêcher qu'il n'y ait du jeu, on fixe la cheville d'acier en serrant les vis Y.

Une tête cylindrique N se meut sur la vis H, et peut y être serrée par les vis O. Cette tête est liée avec la piece P par le moyen d'un genou qu'on tourne en tout sens, W, au travers duquel passe l'arbre de la vis H. On a représenté en X cette piece vue de face avec sa section perpendiculaire à l'arbre de la vis. Cet anneau est joint avec la tête cylindrique par le moyen de deux lames d'acier S qui tournent sur des chevilles entre les joues T sur la tête N. Les autres extrémités de ces lames d'acier tournent de même sur les chevilles *a*. Un axe de cet anneau tourne dans un trou sur le coq *b* qui est fixé sur la piece P en forme de selle, et l'autre dans un trou *d* pratiqué pour cet effet dans la même piece où le coq est fixé par ce moyen; lorsque la vis est tournée, la piece P coule uniformément le long de la barre triangulaire A.

Une petite barre triangulaire K d'acier trempé glisse dans une coulisse de la même forme que la piece en forme de selle P; la pointe de cette barre ou couteau est en forme de tranchant, qui doit servir à tailler la vis sans fin lorsque le couteau est préparé pour couper la vis, et peut être fixé en serrant les vis *e* qui pressent contre lui les deux pieces de cuivre G.

Ayant mesuré la circonférence de la roue qui sert à diviser, je trouvai qu'il falloit dans la vis environ un filet sur cent de moins que dans la vis qui conduit, H. Les roues placées sur l'arbre de celle-ci et sur la piece d'acier E sur laquelle la vis devoit être taillée furent proportionnées entre elles de maniere à produire cet effet, en donnant à la roue L 198 dents, et 200 à la roue Q. Ces deux roues communiquoient l'une à l'autre par le moyen d'une roue intermédiaire R, qui servoit aussi à donner la même direction aux filets des deux vis.

La piece en forme de selle est assujettie sur la barre A par le moyen des pieces *g*, et glisse avec plus ou moins de facilité selon le besoin en serrant les vis *n*.

La vis sans fin a été travaillée dure par le moyen du diamant.

Description du dynametre de M. Ramsden, de l'instrument à mesurer les distances, et du niveau.

Cet instrument, destiné à mesurer la force d'une lunette, comme l'indique son nom, est composé d'une petite plaque d'ivoire un peu transparente, divisée en dixiemes de ligne, et d'une loupe pour grossir les divisions. Ces deux pieces sont dans un bout de tube qu'on place devant l'oculaire d'une lunette, pour mesurer l'image de l'objectif transmise par l'oculaire. Si cette image occupe une ligne, et que l'objectif ait trois pouces d'ouverture, c'est-à-dire trente-six fois plus, on est assuré que la lunette grossit trente-six fois; en général, l'ouverture divisée par la largeur de l'image donne l'amplification linéaire de la lunette.

Pour le faire voir, soit O V, fig. 12, la demi-ouverture de la lunette, S C celle de l'oculaire, O C *o* l'axe de la lunette; la ligne oblique V C *u* marquera le demi-diametre *uo* de l'image de l'objectif formée à une distance C *o* égale à-peu-près au foyer de l'oculaire (1) : or *ou* est à O V comme Co

(1) En effet l'objectif étant assez éloigné de l'oculaire pour que les rayons soient sensiblement paralleles, le point O se peindra en *o* au foyer de l'oculaire par la réunion des rayons qui du point O passent au travers de toutes les parties de l'oculaire. De même le point V formera une image en *u* sur l'axe V C *u* qui passe par le centre de l'oculaire; ainsi les lignes O C *o*, V C *u* comprennent l'image *ou* du demi-objectif.

est à CO, ou sensiblement comme le foyer de l'oculaire est à celui de l'objectif; et c'est le rapport connu entre la grandeur de l'objet dans la lunette et sa grandeur à l'œil nud; donc le grossissement d'une lunette est comme la largeur de l'objectif divisée par celle de son image.

M. Ramsden a fait aussi un dynametre plus composé en employant deux moitiés d'oculaires. Soit AB, fig. 13, une lentille d'un pouce de foyer, CD et KL deux moitiés d'oculaires qui glissent l'une sur l'autre par le moyen d'une vis, *n*N le diametre de l'image de l'objectif, qu'il s'agit de mesurer. Quand les deux moitiés d'oculaire sont exactement réunies par leurs centres de maniere à ne former qu'un seul verre, le rayon *n* B passe par le centre, et l'image du point *n* paroît en E. Si l'on écarte une des moitiés de verre, par exemple, LK, le rayon SBE ira vers le centre G, et l'image paroîtra successivement en *n*, D et G. Enfin quand les deux bords opposés de l'image se toucheront, la distance des deux centres des demi-oculaires sera la mesure du diametre de l'image. Cet instrument, qui au fond est le même que le micrometre oculaire de M. Ramsden, est plus difficile à faire, et il n'y a que lui qui l'ait fait exécuter cinq à six fois. Pour le premier dynametre on le trouve chez plusieurs artistes de Londres.

Le second instrument contient un tube PY, fig. 14, d'environ quatre pieds et 1 $\frac{1}{4}$ pouce de diametre, deux miroirs inclinés de 45°, un prismatique en P qui sert d'objectif, et l'autre en Y, qui est plan, mais percé dans le milieu. Une lunette HO, dont l'objectif H se peut élever et abaisser par le moyen d'une vis, parallèlement au tube PY; deux oculaires Z et K, destinés à rendre de la même grandeur les deux images que l'on regarde par le moyen d'un oculaire ordinaire placé en O. Supposons qu'on veuille mesurer la distance SP; le rayon SP, qui tombe sur le miroir prismatique P sera réfléchi sur le miroir Y et sur l'œil en O; le rayon SN fera avec S'O parallele à SP un angle en N égal à l'angle PSN. Si, par le moyen de la vis V, on fait mouvoir l'objectif H jusqu'à ce que les deux images, droite et réfléchie, de l'objet S concourent exactement, le nombre des révolutions de la vis V déterminera l'angle PSN; ainsi, dans le triangle PSN, on connoîtra un côté et les angles, on trouvera facilement la distance PS.

Pour déterminer les minutes et les secondes qui correspondent à chaque révolution de la vis V et rectifier l'instrument on se sert du soleil : quand les images directe et réfléchie concourent, l'angle PSN est nul; et quand les deux bords des images se toucheront, l'angle sera égal au diametre du soleil. Ainsi l'on peut faire une table des distances SP correspondantes aux différentes valeurs de l'angle NSP; et l'on aura dans une minute la valeur d'une distance avec d'autant plus d'exactitude que la vis sera plus parfaite et le foyer plus long.

Le niveau portatif ou niveau à la main (comme l'appelle M. Ramsden) est également simple et ingénieux : il a réduit le mécanisme de cet instrument à la combinaison d'un niveau de mercure recourbé et de l'oculaire d'une lunette, de façon qu'on peut placer le niveau dans la lunette, et voir ensemble les deux surfaces horizontales du niveau et l'image de l'objet qui paroît dans la lunette; ce qui suffit pour le nivellement. Soit O, fig. 15, un objet quelconque, S son image au foyer de l'objectif P; on place près de cette image un oculaire H plan convexe pour corriger les effets de la réfraction, et un autre en G convexe des deux côtés à une distance de S égale à la double longueur focale des deux lentilles combinées G et H. Soit encore une autre lentille H' égale à la premiere H et à la même distance de G; il se formera en S' une seconde image de l'objet O dans une position contraire à la premiere, et il s'y fera aussi une image renversée d'un objet situé en S. Si donc on prend un tube GG', LL', fig. 16, dont la longueur soit égale à la distance des deux images S S', qui soit en partie rempli de mercure, et qu'on le place dans le tuyau de l'oculaire de façon que les deux parties G L, G' L', répondent aux deux images de l'objectif à une petite distance de l'axe de la lunette ; quand le mercure sera horizontal, on verra se toucher les deux surfaces du mercure et le fil horizontal de l'oculaire comme on le voit dans la figure 17 qui représente le champ de la lunette dans lequel GL et *g l* sont les images des deux colonnes opposées du mercure et CC le fil horizontal de l'oculaire : ainsi tous les objets situés sur la même ligne seront à la même hauteur ou de niveau.

DESCRIPTION

D'UNE MACHINE PROPRE A DIVISER DES LIGNES DROITES SUR LES INSTRUMENTS DE MATHÉMATIQUES;

PAR J. RAMSDEN;

Publiée par ordre des commissaires de la longitude. A Londres, chez NOURSE, 1779;

Traduite par M. BLACHIER, de l'ordre de Malte et de l'académie des sciences de Nancy.

L'EXPÉRIENCE ayant prouvé l'utilité de la machine à graduer des cercles, cela m'a encouragé à essayer une pareille méthode par le moyen de laquelle on pût diviser avec autant de facilité et de justesse des lignes de parties égales, telles que les lignes des *sinus*, *tangentes*, *sécantes*, etc. Par le moyen de la machine que je vais décrire, toute ligne de parties égales pourra être divisée sans erreur de la quatre millieme partie d'un pouce; et comme cela se peut exécuter par toutes sortes de personnes et très promptement, son utilité pour diviser toutes sortes d'échelles de navigation, secteurs, etc. est évidente, sur-tout si l'on considere que ces instruments avoient perdu de leur utilité à cause de l'inexactitude de la méthode usitée pour les diviser.

Cette machine consiste en une forte plaque de cuivre qui se meut sur les bords d'un chassis de fer : pour faciliter son mouvement, on a diminué le frottement par le moyen de trois rouleaux qui sont sous sa plaque. Le chassis de fer a pour soutien un fort piédestal de bois de mahogany.

Un des bords de la plaque de cuivre est cannelé ou divisé par des dents ; il y en a exactement vingt sur chaque pouce ; et elle est mise en mouvement le long du chassis de fer par une vis sans fin qui a précisément le même nombre de pas sur un pouce. Les filets de cette vis engrenent dans les dents de la plaque de cuivre. Chaque révolution de la vis sans fin autour de son axe fait parcourir à la plaque les $\frac{5}{100}$ d'un pouce le long du chassis de fer.

A l'extrémité de la vis est attachée une petite roue dont la circonférence est divisée en 50 parties, qui sont elles-mêmes subdivisées en cinq par un vernier. C'est pourquoi quand la vis tourne sur son axe de la valeur d'une des premieres divisions, la plaque parcourt un millieme de pouce le long du chassis de fer. Si la vis tourne de maniere à faire coïncider une division du vernier, alors la plaque parcourt deux dix milliemes de pouce, et ainsi du reste. Ainsi l'on peut tracer sur la plaque qu'on veut diviser la ligne qui termine l'espace parcouru par la plaque de cuivre : on la peut tracer également sur tout autre instrument attaché à cette plaque, et cela avec la plus grande précision, par une pointe ou tracelet fixé dans son chassis particulier qui lui donne un mouvement rectiligne sans aucune déviation ou secousse latérale.

Quelquefois il est nécessaire de tirer sur les instruments des lignes qui ne peuvent se mesurer avec les pouces anglois ; tels sont les pieds et les pouces des autres pays : on y parvient en inclinant la ligne à diviser de maniere qu'elle fasse un angle avec la direction du mouvement de la plaque au moyen d'un appareil que nous décrirons ci-après.

Si le tracelet est placé pour tirer des lignes qui fassent un angle droit avec la direction du mouvement ou avec le bord de la plaque, alors la longueur de la ligne à diviser sera à l'espace parcouru par la plaque comme la sécante de l'angle d'inclinaison est au rayon. Mais si le tracelet est placé pour tirer des lignes qui fassent un angle droit avec la ligne à diviser, alors les divisions sur cette ligne seront plus courtes que l'espace parcouru par la plaque le long du chassis de fer dans la même proportion que le cosinus de l'angle d'inclinaison est plus court que le rayon.

La figure premiere, planche 5, représente le plan de la machine à diviser.

La figure seconde est l'élévation.

La figure troisieme une coupe de la machine sur la ligne A B.

La figure quatrieme une autre coupe sur la ligne DE.

La figure cinquieme le dessous de la plaque A représentée dans la figure premiere.

N. B. Les mêmes parties sont marquées des mêmes lettres dans chaque figure.

Fig. 1. On voit en A une forte plaque de cuivre longue de 27 pouces, large de 4 et épaisse de $\frac{2}{10}$ de pouce ; elle est parfaitement plane et unie, et de la même épaisseur par-tout, et ses deux côtés sont exactement paralleles.

B est un épais chassis de fer de 48 pouces de long ; ses bords (*a* et *b*) sont élevés d'un demi-pouce au-dessus de sa surface ; ses deux côtés sont très bien dressés et dans un même plan ; le dedans (*a*) intérieur est dressé autant bien qu'il est possible.

La plaque A glisse sur les deux bords du chassis de fer.

Au dessous deux ressorts (*cc*) sont attachés aux extrémités de la plaque A par les vis (*s*); à l'autre extrémité de chacun de ces ressorts est un rouleau (*e*) d'acier trempé, qui tourne sur un axe placé dans ces ressorts. Il y a aussi un troisieme rouleau d'acier trempé (*d*) placé sur le chassis de fer près de l'endroit où les pas de la vis sans fin agissent. Ce rouleau est un axe assez long dont une extrémité tourne dans le chassis de fer en (*g*), et l'autre dans le levier (*h*); ce levier tourne sur un centre en (*i*), et par son moyen le rouleau (*d*) peut être élevé ou abaissé en tournant la vis à tête de cabestan (*o*), qui presse sur un fort ressort. Fig. 5. Fig. 3. Fig. 2 et 3.

L'usage de ces rouleaux est de diminuer le frottement de la plaque A quand elle se meut sur le chassis de fer B. La force des ressorts est réglée à ce dessein en tournant deux vis (*nn*), et celle du rouleau (*d*) par la vis (*o*), jusqu'à ce que le poids de la plaque A soit tout près d'être porté sur ces rouleaux.

La vis sans fin C est d'acier trempé; ses deux pivots sont formés en cônes tronqués; ils se joignent l'un à l'autre à leur petite extrémité par un cylindre tel qu'on le voit dans la description de la machine à diviser le cercle, figure 5, planche 3.

Ces pivots tournent dans des demi-trous également coniques, faits dans les pieces de cuivre DD qui sont fortement vissées au chassis de fer. Les deux pieces de ces demi-trous sont jointes ensemble par les vis (*mm*), que l'on peut serrer à volonté de maniere à empêcher la vis sans fin de vaciller. Fig. 2.

Sur une des extrémités de l'arbre de la vis est une roue (*h*) qui a sa circonférence divisée en 50 parties et numérotée de dix en dix par 1, 2, 3, etc. jusqu'à 5: ces divisions sont sous-divisées en 5 parties par un vernier (*t*). Fig. 1.

On voit en GG deux chassis d'acier dont chacun tourne sur un centre (*k*) fixé au-dessous de la plaque A, ils sont également éloignés de son bord. Dans chaque chassis est un rou- Fig. 5.

leau (y) d'acier trempé, exactement tourné, concentrique aux pivots et parfaitement de mêmes diametres. Les chassis GG sont assemblés par la plaque de cuivre E, qui tourne sur un pivot dans chaque chassis ; ces pivots doivent être à égales distances des centres (k) sur lesquels tournent les chassis, et la distance entre les trous de la plaque E dans lesquels les pivots agissent doit être la même que celle qui est entre les centres (k), de maniere que la plaque E puisse toujours se mouvoir parallèlement à elle-même, et que la circonférence des rouleaux soit toujours à égale distance du bord de la plaque A qui doit être dentée : cet appareil sert à presser le bord de la plaque A avec un mouvement parallele contre les pas de la vis sans fin.

Fig. 1 et 2. A l'extrémité de la plaque A est un ressort d'acier trempé qui agit comme un levier courbé. L'extrémité de ce ressort à levier a une entaille qui passe sous la tête du pivot(l) qui est à l'extrémité de la piece E qui les joint, tandis que l'autre extrémité du levier est abaissée par gradation et serrée contre la plaque A, en tournant la vis à main F; la piece E qui sert à les joindre est tirée en dehors, de sorte que les rouleaux d'acier pressant sur le bord (a) du chassis de fer, font appuyer le côté de la plaque contre la vis sans fin.

Ayant donc deux vis d'acier trempé, exactement du même diametre et du même nombre de pas, comme de 20 sur un pouce, une de ces vis a été taillée sur ses filets pour couper comme les dents d'une scie. Cette vis a été placée
Fig. 2. dans les demi-trous coniques qui sont dans les pieces DD ; à l'extrémité opposée de l'arbre de la vis opposée à celle où est la roue on a attaché une longue verge qui est telle que la manivelle qui est à son extrémité par le moyen de laquelle cette verge et la vis sans fin se tournent, puisse être débar-
Fig. 1. rassée aisément du chassis de fer. Une bande étroite de cuivre Z qui a ses bords exactement paralleles est attachée fortement par des vis sur la plaque A.

Le bord de cette bande est parallele au bord de la plaque A; une distance de 25, 6 pouces a été divisée sur une ligne parallele au bord de la bande, et cela par une bissection continuelle jusqu'à ce que l'intervalle ait été réduit à $\frac{8}{10}$, de pouce.

Un coq de cuivre a été attaché au chassis de fer; en passant sur la vis sans fin, il s'attache à la bande fixée sur la plaque de cuivre A; un petit fil d'argent est fixé sur un trou d'un demi-pouce de diametre qui est à l'extrémité du coq. La coïncidence de ces divisions avec le fil de métal a été examinée avec un microscope placé dans un tube de cuivre posé exactement au-dessus de ce fil. La plaque A étant sur le chassis d'acier, la bissection marquée (1) du côté droit a été mise en coïncidence avec le fil, et la division marquée 50 sur la roue a été mise sur la premiere division du vernier. La plaque A étant pressée contre la vis sans fin par le moyen de la vis F, on a tourné la manivelle et la vis sans fin vers la gauche de 16 révolutions, jusqu'à ce que la bissection marquée (o) fût amenée sous le fil; on a ensuite détaché la plaque de la vis sans fin en desserrant la vis F, et la division marquée 2 a été placée pour coïncider avec le fil de métal, la division 50 sur la roue ayant été mise auparavant à son index; ensuite le bord de la plaque a été pressé de nouveau contre la vis en tournant la vis F; alors, par le moyen de la manivelle, la vis sans fin ayant fait de nouveau autour de son axe 16 révolutions à gauche jusqu'à ce que la bissection numérotée 1 coïncidât avec le fil de métal, la plaque a été de nouveau détachée comme auparavant, et la bissection marquée 3 a été mise pour coïnder avec le fil de métal : de cette maniere le bord de la plaque a été taillé d'un bout à l'autre trois ou quatre fois jusqu'à ce que les pas aient fait une impression suffisante; on l'a ensuite fortifiée en tournant la vis d'un bout à l'autre sans la dégager de la plaque jusqu'à ce que la denture fût enfin finie.

La vis sans fin taillée en scie avec sa verge et sa manivelle a été alors enlevée, et la vis plane a été remise en sa place:

on a mis la roue divisée à l'extrémité de l'arbre de la vis sans fin et les deux assemblages de roues dentées à l'autre extrémité du même arbre.

Ces assemblages de roues sont composés chacun de trois roues dentées sur leurs circonférences ; une a 32 dents, une autre en a 48 et la troisieme 50. Ces deux assemblages de roues sont destinés l'un à faire tourner la vis, l'autre à l'arrêter ; les roues ont pour cet effet leurs dents taillées en sens opposé.

Fig. 1, 2. On a représenté en I un cylindre de cuivre qui porte à son extrémité deux anneaux d'acier (*a* et *b*) ; les bords de ces anneaux qui se regardent sont dentés. Les dents sont taillées dans des directions contraires, de maniere à s'engrener les unes dans les autres. Sur l'un de ces anneaux est un index ; l'autre a ses dents numérotées 10, 20, jusqu'à 50 ; l'autre extrémité de ce cylindre est creuse et contient un des assemblages de roues dentées ; il y a deux fentes opposées l'une à l'autre et percées dans la partie évidée du cylindre W ; dans chacune de ces fentes ou rainures est un cliquet tournant sur un axe, et qui est pressé contre les dents de la roue dentée par un petit ressort. Ces cliquets peuvent se mouvoir le long de leur axe de maniere à pouvoir s'engrener dans chacune des trois roues, et ils peuvent y être fixés en serrant la petite vis (*s*).

Fig. 4. Le cylindre I avec les cliquets, etc. tourne sur un axe Fig. 2 et 4. d'acier (*x*) qui est fortement attaché à la piece K et dans une même ligne avec l'axe de la vis sans fin. On donne le mouvement à ce cylindre et à son axe par le moyen d'une corde à boyau qui, d'une part, est attachée à l'anneau denté (*b*), Fig. 1, 2 et 4. et de l'autre passe quatre ou cinq fois autour du cylindre, et vient s'attacher à une pédale, de maniere qu'en pressant sur la Fig. 2. pédale pour la faire aller en bas, le cliquet (*s*) s'engrene dans les dents d'une des roues dentées ; par là le cylindre I et la vis sans fin tournent autour de leur axe, qui donne un mouvement à la plaque le long du chassis de fer et leve en même temps le ressort spiral (*u*); ensuite, lâchant la pédale, le ressort (*u*) se débande de lui-même; le cliquet abandonne la roue dentée et laisse la vis sans fin en repos; tandis que le cylindre I tourne dans une direction opposée, et releve la pédale au point où elle étoit auparavant.

Une petite barre d'acier quarrée V a ses deux extrémités cylindriques. Ces cylindres se meuvent dans des trous doublés d'acier trempé, l'un dans la piece D et l'autre dans la piece K; ce barreau porte trois différentes pieces qui sont d'acier trempé. Le morceau du milieu (*t*) est fait pour rester sur l'intervalle vissé ou sur la partie qui porte les pas de la vis sur le cylindre, et embrasse près de la moitié de la circonférence : il est arrêté dans les pas de la vis par un ressort (*e*) qui presse sur la piece (*q*) vissée au chassis de fer; cette piece étant attachée à la barre (*v*) par la vis (*p*), lorsque le cylindre vient à tourner sur son axe il donne un mouvement longitudinal à la barre V. Fig. 2 et 4.

L'extrémité supérieure de la piece (*f*) est formée en crochet et peut s'engrener dans les dents de chacune des roues dentées, et alors il est attaché à la barre (*v*) par la vis (*i*). A l'autre extrémité de la barre est une piece (*j*) qui sert à arrêter le cylindre lorsqu'il tourne en arriere, de même qu'à limiter le nombre des révolutions de ce même cylindre ou des parties de révolution; cette piece peut être fixée au point convenable de la barre (*v*) par la vis à main (*f*). Fig. 2.

Quand on se sert de la machine, la pédale est pressée en bas par le moyen de la corde à boyau : elle fait tourner le cylindre I autour de son axe et la piece (*t*) autour des pas de vis, jusqu'à ce qu'une cheville (*r*) qui est sur le cylindre, venant à frapper sur le sommet de la piece courbée (*t*), fasse bander le ressort (*e*) de maniere que cette piece s'arrête sur la piece (*q*). Le ressort en se bandant donne à la barre quarrée un léger mouvement sur son axe, et engage le crochet (*f*) dans les dents de la roue dentée R. Alors relâchant la pé- Fig. 4. Fig. 2.

6

dale, le ressort spiral détourne le cylindre jusqu'à ce que la piece (*j*) soit amenée sous le sommet de l'anneau denté (*b*).

Fig. 1 et 2. Les parties d'une révolution sont réglées en mettant le nombre demandé de l'anneau denté (*b*) sur l'index de l'anneau fixe (*a*); chaque dent répond à un mouvement d'un millieme de pouce de la plaque A, et le nombre des révolutions dont chacune fait mouvoir la plaque A de $\frac{5}{100}$ de pouce est réglé en mettant la piece (*j*) sur la barre.

Fig. 1, 3. On voit en L le chassis d'acier sur lequel on fixe le tracelet;
Fig. 2. ce chassis tourne entre les pointes coniques de deux vis (*nn*)
Fig. 2. d'acier trempé, qui sont vissées dans le chassis Q. Il y a aussi deux vis semblables dans le même chassis en (*mm*); les pointes de ces vis, qui sont aussi d'acier trempé, tournent dans des trous coniques pratiqués dans la piece P: au moyen
Fig. 2 et 5. de ce mouvement parallele, la pointe du tracelet, par lequel les divisions sont marquées, décrira toujours une même ligne, sans s'écarter ni à gauche ni à droite; le tracelet est retenu dans un trou de l'axe (*b*), et il y est fixé en serrant les
Fig. 1. quatre vis (*f*) qui pressent la piece (*c*) contre la partie plate de l'axe.

Cet axe, qui a ses pivots formés en doubles cônes, tourne entre les demi-trous en (*d*), et peut être fixé lorsque ce tra-
Fig. 1 et 3. celet est placé à une inclinaison requise en serrant les vis (*s*).

Fig. 6. Une regle conductrice de cuivre S étroite, et dont les côtés sont paralleles, porte deux pieces d'acier (*g*) assez minces qui tournent sur des charnieres en (*h*); ces charnieres sont posées à une distance exactement égale des côtés de la regle; l'intervalle entre ces pieces (*gg*) est exactement le même que la largeur du chassis d'acier L; au bord le plus bas des pieces il y a des entailles angulaires qui sont à une distance égale de leurs centres de mouvement, de maniere que quand deux entailles correspondantes quelconques sont placées
Fig. 1 et 2. sur les vis (*nn*) entre les chassis Q et L, les vis étant par-

faitement cylindriques et d'un même diametre, alors le bord de la regle est toujours à angles droits sur la ligne qui est décrite par le tracelet.

La regle S, attachée de cette maniere sur le chassis qui sert à tracer, peut être placée parallèlement ou à une inclinaison quelconque au côté de la plaque A; de sorte qu'en tournant la manivelle ou le manche T qui fait mouvoir la piece P avec le chassis qui porte le tracelet et l'angle au centre (x), il peut y être fixé en serrant l'écrou (p). Fig. 1 et 2. Fig. 2.

Du centre (J) sur la plaque A on tire deux arcs circulaires : l'un, extérieur, est divisé en degrés et numéroté depuis 1 jusqu'à 9; chaque degré est encore sous-divisé en six parties, et chacune de ces parties contient dix minutes : le cercle intérieur est divisé dans la raison qu'il y a entre le cosinus de l'angle d'inclinaison sur le côté de la plaque A, et le rayon, qu'on suppose divisé en 10,000 parties; ces divisions sont numérotées de 10 en 10 jusqu'à 140 : mais l'usage de cet appareil se connoîtra mieux par un exemple. Je suppose qu'il faille diviser une ligne de 9 pouces $\frac{999}{1000}$ en ce même nombre de divisions et de la même maniere que s'il avoit 10 pouces de longueur. Placez la regle S sur le chassis L qui porte le tracelet; tournez ensuite le manche T jusqu'à ce que le même bord de la regle coupe le centre (J) et la premiere division depuis O de l'arc intérieur; alors vissez l'instrument à diviser, et assurez-le sur la plaque A de maniere que la ligne à diviser soit parallele au côté de la regle qui peut être écartée; quand la plaque aura parcouru 10 pouces par son mouvement dans sa propre direction, toute la longueur des divisions sur la ligne à diviser sera seulement de 9 pouces $\frac{999}{1000}$. Fig. 1. Fig. 1.

Description de la machine pour tailler les vis de la machine à diviser.

L'exactitude de la machine que nous venons de décrire dépend beaucoup de la justesse de la vis sans fin. Elle doit avoir quelques propriétés qui ne sont pas aussi essentielles à la vis sans fin dont on se sert pour la machine à diviser le cercle, attendu que dans cette derniere il n'y a que peu de pas engagés dans les dents de la roue ; il suffisoit que ces filets eussent une égale inclinaison sur l'axe de la vis.

Mais, dans cette machine, la vis est engagée de toute sa longueur dans les dents de la plaque mobile. Il est donc nécessaire que la distance entre les pas de cette vis soit la même dans toute la longueur ; on parvient à donner cette perfection à la vis sans fin au moyen de la machine à vis que nous allons décrire.

La fig. 7, planche 7, représente le plan de la machine.

La fig. 8 son élévation.

La figure 9 la coupe de la machine. Les mêmes lettres se rapportent aux mêmes parties dans chaque figure.

Fig. 7, 8 et 9. On voit en A une forte plaque circulaire de cuivre ; ses bords sont striés suivant la méthode décrite dans la machine à diviser le cercle ; on a fixé sur son centre une poulie B au moyen de quatre vis. Sur la partie cylindrique de cette poulie l'on a tourné une rainure parfaitement concentrique à la plaque A.

Fig. 8 et 9. Un axe d'acier C de deux pieds de long est terminé en pointe ; c'est sur cette pointe qu'il repose. La partie supérieure de cet axe est fortement vissée à la plaque A, et elle tourne dans le collet D.

Fig. 7. E représente une vis sans fin, qui, tournant sur son axe, donne le mouvement à la plaque A autour de son centre ; F est une plaque circulaire divisée que l'on peut faire tourner ou par la vis sans fin ou sans elle : sur une autre extrémité de l'arbre de la vis sans fin est une roue (a) qui est dentée sur son bord; X est une manivelle qui fait tourner la vis sans fin.

G représente une barre d'acier triangulaire qui passe sur la plaque circulaire A, et qui est fortement vissée au chassis en H et en I. Fig. 7, 8, 9.

K est une piece d'acier sur laquelle on veut tailler les filets de la vis; elle a ses pivots formés comme nous l'avons dit. A une des extrémités de cet arbre est une roue L, qui a des dents sur sa circonférence qui engrenent dans celles de la roue (a) qui est sur l'arbre de la vis sans fin.

M et N représentent deux fortes pieces de cuivre dans lesquelles tourne la vis qu'il s'agit de tailler ; on affermit ces pieces de cuivre sur la barre triangulaire G en serrant la piece I par les vis (n). Fig. 7, 8.

O est une piece de cuivre qui glisse sur la barre triangulaire G; ses deux extrémités sont faites de maniere à s'adapter à la barre; elle glisse régulièrement dessus, et les deux pieces à ressort (cc) l'empêchent de s'élever. Près d'une extrémité de la piece O est une rainure angulaire (q) qui tient l'outil par lequel les filets sont taillés ; comme il étoit nécessaire de tailler la vis après l'avoir trempée et durcie, cet outil a été armé d'un diamant : le coq W sert à fixer l'outil, qui doit avoir de la prise sur la piece d'acier en tournant la vis à main (s), et en fixant l'outil par le moyen de la vis V. Fig. 7, 8, 9. Fig. 8. Fig. 7. Fig. 7, 8, 9.

Pour faire une vis parfaite, il est seulement nécessaire de donner à la pointe qui taille les filets un mouvement parallele à lui-même et à l'axe de la vis que l'on veut faire, et que ce mouvement soit proportionné aux révolutions de la vis suivant que l'exige le nombre des pas qu'on veut avoir. Fig. 7, 8, 9.

Pour cet effet on a une piece mince d'acier trempé et de la même épaisseur dans toute sa longueur; cette piece est fixée sur la coulisse O en (r); l'autre extrémité du ressort est Fig. 7.

attachée à la poulie B dans la rainure : maintenant, tandis qu'on fait mouvoir le cercle A avec la poulie sur son centre en tournant à droite la vis sans fin, le ressort (*t*) tire la coulisse O avec la piece qui doit tailler (*q*) le long de la barre triangulaire; en même temps l'axe d'acier K, sur lequel on doit tailler la vis, tourne aussi sur son axe, recevant le mouvement par la roue (*a*) qui est sur la vis sans fin, et par la roue L.

On a déja dit que la vis de la machine décrite ci-dessus avoit 20 pas sur un pouce; c'est pourquoi si le nombre des dents de la roue (*a*) est au nombre de celles de la roue L comme le nombre des dents de la roue A est au nombre des vingtiemes de pouce sur la circonférence de la poulie B, en tenant compte d'une partie de l'épaisseur du ressort (*t*), l'espace entre chacun des filets de la vis à tailler sera de la vingtieme partie d'un pouce.

La grosseur de la poulie a été déterminée de la maniere suivante : la vis sans fin ayant été dégagée de la roue A, la coulisse O a été tirée en arriere jusqu'à ce que son extrémité vînt tout près de la piece M; la vis sans fin a été de nouveau engagée dans la roue A : alors, au moyen de deux très petites pointes placées sur la coulisse O, relevées parallèlement à un de ses côtés et distantes de cinq pouces exactement, la coulisse a reçu un mouvement en tournant la vis sans fin jusqu'à ce qu'une de ces marques fût coupée en deux par un fil de métal fixé en travers dans un trou pratiqué dans une piece mince de métal attachée à la piece N; alors le point O sur la roue divisée F a été mis à son index sans mouvoir la vis sans fin, et la poulie a été diminuée jusqu'à ce que 600 révolutions de la vis sans fin aient amené l'autre marque au point d'être exactement partagée par le fil de métal. On examinoit les bissections avec une lentille d'un demi-pouce de foyer placée perpendiculairement au-dessus du fil dans un petit tube de cuivre.

FIN.

Planche 1.ère

Fig. 1.

Machine à diviser les Cercles, par M. Ramsden.

Benard Direx.

Machine à diviser les Cercles, par M. Ramsden.

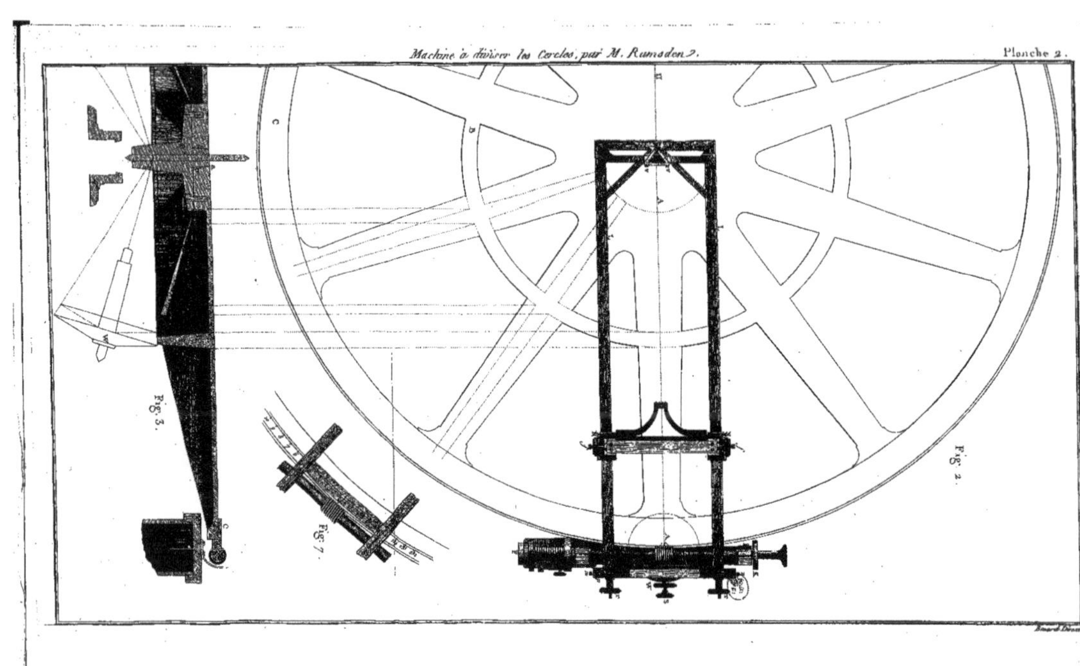

Machine à diviser les Cercles par M. Ramsden. Planche 3.

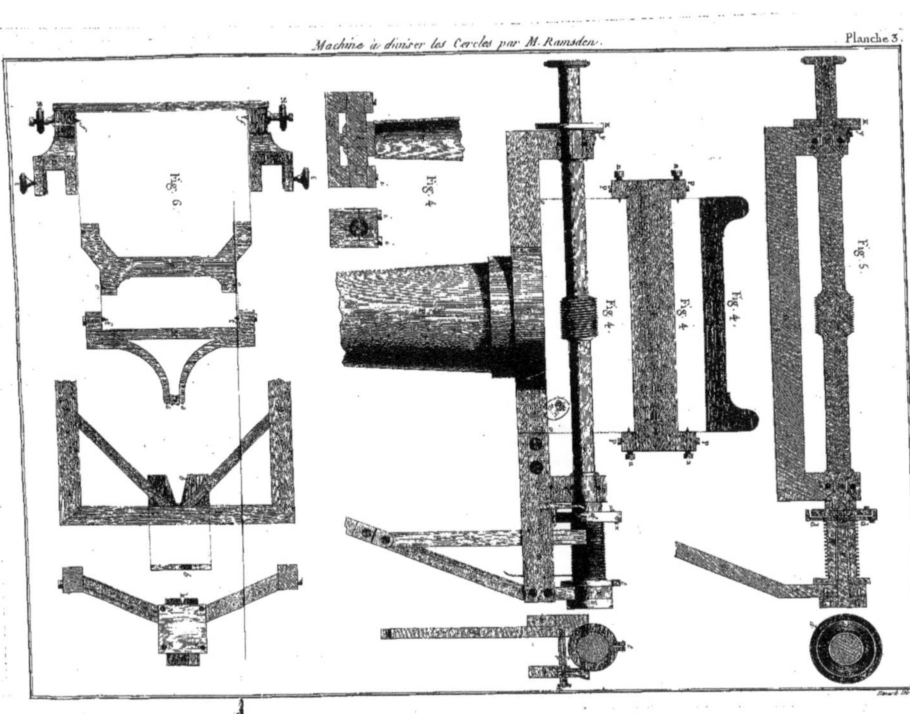

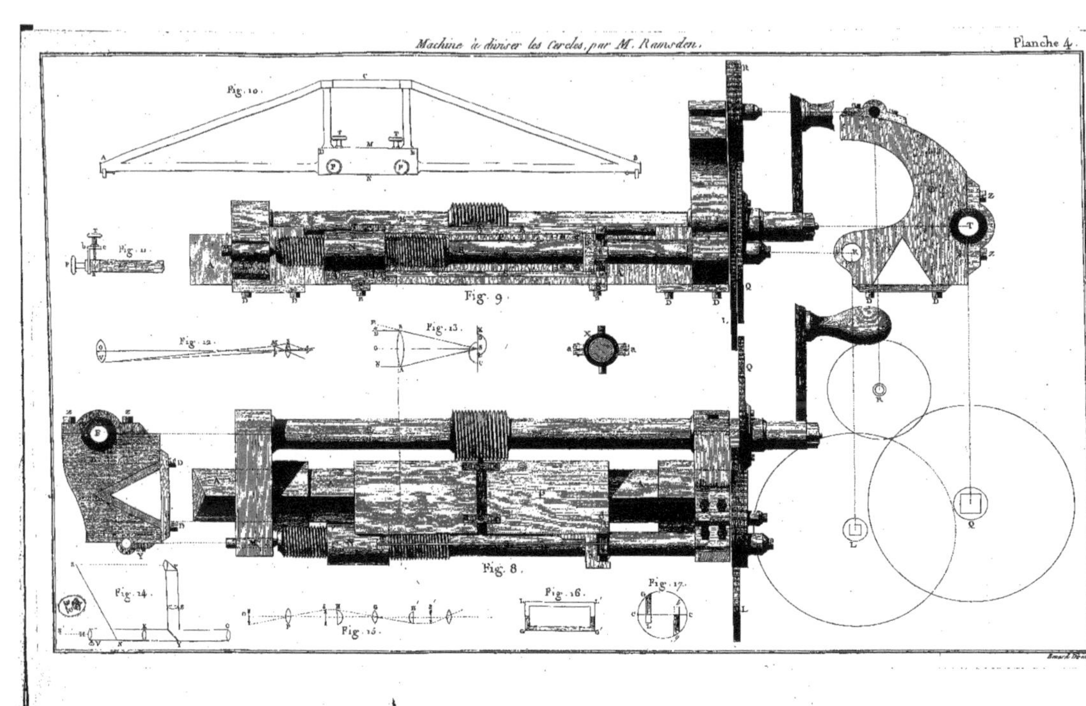
Machine à diviser les Cercles, par M. Ramsden.
Planche 4.
Fig. 10.
Fig. 11.
Fig. 9.
Fig. 12.
Fig. 13.
Fig. 8.
Fig. 14.
Fig. 15.
Fig. 16.
Fig. 17.

Machine à diviser les lignes droites par M. Ramsden. Pl. 5.

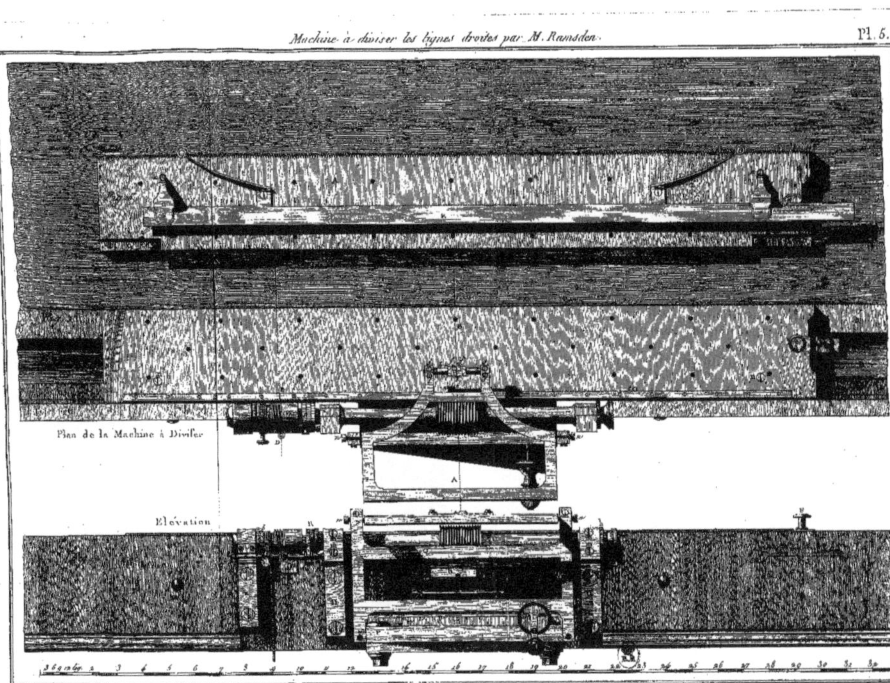

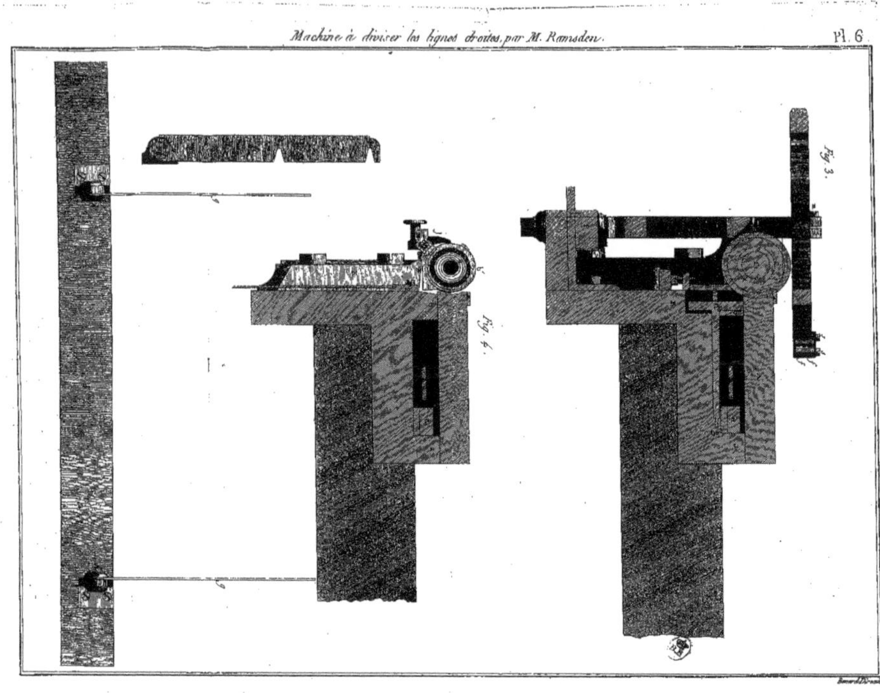
Fig. 3.
Fig. 4.

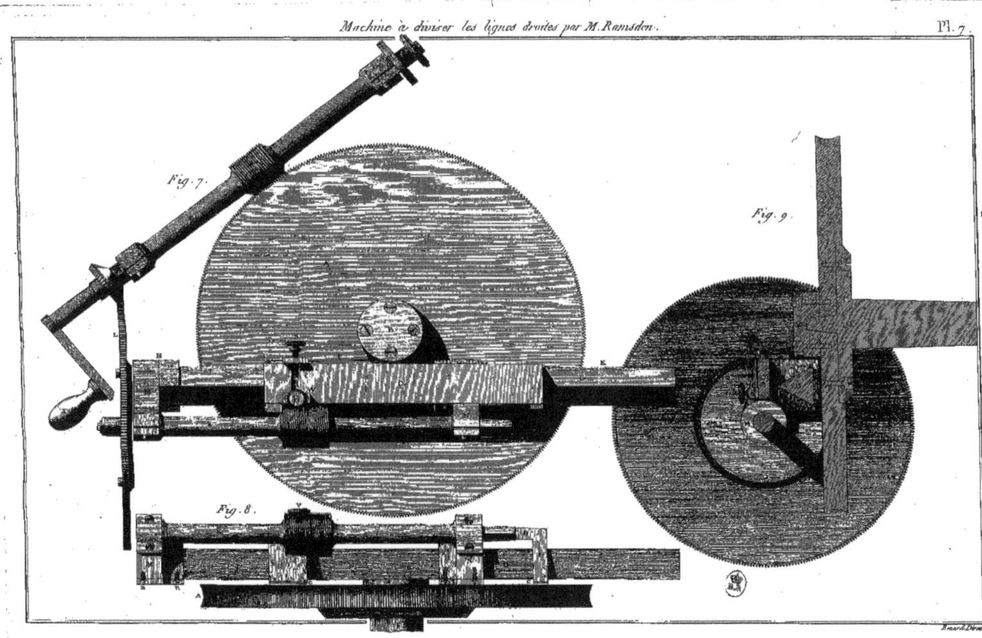
Machine à diviser les lignes droites par M. Ramsden.
Pl. 7.
Fig. 7.
Fig. 8.
Fig. 9.

www.ingramcontent.com/pod-product-compliance
Ingram Content Group UK Ltd.
Pitfield, Milton Keynes, MK11 3LW, UK
UKHW020356220726
13923UKWH00004B/1637